探索未知的世界

NATURKUNDEN

启蛰

# 花园的故事

## 从伊甸园到后花园

［法］ 加布里埃尔·范居尔埃　著

幽石　译

北京出版集团

北京出版社

自然是一座殿堂，

在它活生生的列柱之间，

偶尔泄露出模糊不清的语言；

当人穿越象征的森林，

森林却以熟悉的眼光凝视着人。

——波德莱尔

从文艺复兴以来，

花园里的迷宫便是人工与享乐的表现，

爱情与偶然的剧场；

花园以其艺术与自然相抗衡，

但也从自然中萃取组成元素，

如16世纪末园艺理论家

德·弗里斯的作品呈现的，

花园里有修剪过的黄杨木、紫杉树墙或美丽的花坛。

# 目　录

**天** 地初始，上帝创造了一个园子，名为伊甸园。自古以来，人们认为这园子位于两河流域，事实上，由于园中有棵苹果树没灌溉就能生长，园子较可能在这一地区北部。人类未被逐出伊甸园时，园内充满了祥和、愉悦的氛围，物产丰富、花草芬芳，水波和笑声形成的音乐令人陶醉。自最早建立的亚述帝国以来，人们锲而不舍地创造着神话中的天堂。

# 第一章
# 上古的花园和伊斯兰文化的遗产

文明伊始，树既是神圣的象征，也是欢愉的象征。左图为罗马时代壁画的片段。这幅原来装饰于公元前 1 世纪、坐落于罗马附近皇后利维娅（Livia）的别墅的壁画，令人感受到人们当时生活的精致与对大自然的爱慕。右图为亚述 – 巴比伦的圆章泥印，可见人们赋予树的精神价值，与树作为宗教仪式之物的功用。

## 两河流域地区的王国：新月沃地

　　远从公元前 3000 年左右，据说乌鲁克（Uruk）国王吉尔伽美什（Gilgamesh）就以他城邦中的果园及花园为傲。公元前 2000 年，所有两河流域地区的国王都拥有王室花园，并常在园中举办宴席和祭仪。这些宫廷内院绿树成荫，芳草佳美。有些文献还提及古人在神殿的花园种植花果以养神明，可视为照拂神的侍者。

## 尼姆鲁德（Nimrud）的花园

　　今天有据可证，千年之前，在亚述确实有大型公共花园的存在。亚述纳西拔二世（Assurnazirpal Ⅱ）

幼发拉底国王在济姆里利姆（Zimrilim）宫殿里的壁画（上图），上面有公元前 18 世纪时王室果园的痕迹。根据壁画，那时已有种类繁多的异国品种椰枣、棕榈树及装饰用的水池。此外，王室账目里有很大的膳食支出给宫殿园艺师。左图为亚述帝国萨尔贡二世（Sargon Ⅱ）宫殿里的石头浮雕，显示国王与随从正在养有公牛、狮子、鸵鸟与大猴子的王室禁地狩猎。这些天堂般的乐园和狩猎的专用区域，种满当地或外国树种及开花的灌木：雪松、橄榄树、橡树、柏树、刺柏、柽柳、松树、白蜡树、石榴树、梨树、苹果树等。

在尼姆鲁德城里开渠道、引山水，灌溉一个种满葡萄藤及众多树种的花园。园中的树包括苹果树、梨树、榅桲树（le cognassier）、杏树、雪松和柏树。有些品种出自当地，但大多是随着军事活动，从外地引进种子或幼苗。园内同时也点缀着灌木花草。亚述国王萨尔贡二世在都城外设置王室专用猎场，养有狮子及野禽。继承王位的辛那赫里布王（Sennachérib）把首都迁往尼尼微（Ninive），并建造花园。他甚至想模仿巴比伦南边的沼泽重塑同样的自然环境——这次尝试很成功，因为连鹭鸶都来园里筑巢。

## 上古时代的名胜：巴比伦的空中花园

上古时代的名胜莫过于巴比伦的花园。根据历史学家约瑟夫的说法，尼布甲尼撒二世为怀念故乡山峦碧秀而饱受思乡之苦的波斯籍的妻子，而辟建这个花园。希腊历史学家狄奥多罗斯与斯特拉波曾描述过这座平台层层草木扶疏的花园。巴比伦城的空中花园被列为世界七大奇迹之一。

巴比伦城因为种着大树的空中花园而著名。花园代表玩赏天堂般乐园的理想，同时也代表无与伦比的奢华及权力与财富的特权享受。就像后来出现在蒂沃利（Tivoli）的哈德良别墅、格拉纳达城的阿尔罕布拉宫及凡尔赛宫。这类的豪华花园常因时间或人为意愿的打击而被淘汰……如曾经风靡希腊、罗马的空中花园（horti pensiles）。罗马城内的奥古斯都陵墓呈金字塔形状，纯白大理石材质，并有5层种满了柏树的平台。

## 埃及的花园

在埃及人流传至今最古老的图绘中，保留了关于花园的古老传统。这些花园并非专为乐趣而设，相反，埃及所有的花园都生产葡萄酒、水果、蔬菜及纸莎草（le Papyrus）。如同城市在两河流域开始出现的时期一样，在埃及也有密集生产蔬果的园子，供应城市居民及居住在干燥沙漠的居民。这一时期出现的乡间别墅，可说是直接从农舍园圃演变而来的。这是一个令人心怡的僻静之地，而且自给自足。这类园子的设计十分简单：四面高墙围绕以防沙漠风尘及尼罗河一年一

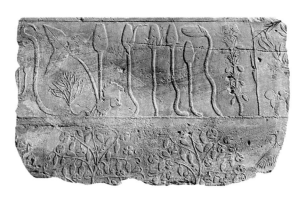

度的河水暴涨，也防生人误闯；园中通常有个长方形水池，树木排列均经设计，井然有序。这种基本形式几世纪来一直是被模仿的对象，沿用不息。

## 为征服植物学而服务

自上古时代以来，如果没有引进外地的种子、花草、树木，人们对植物种类的认识就不会如此丰富。最早以搜集植物品种为目标的活动出现于埃及。公元前1495年，哈齐普苏特王后派遣能哈席王子前往蓬特［Punt（今之索马里）］，为的是要他带回"香料树"。王子从哈齐普苏特陵庙附近乘船出

图特摩斯三世曾收集众多植物，还特别把在叙利亚收集到的256个不同品种的植物描绘在卡尔纳克（Kamak）国王神殿的"植物学室"（左图）。但我们很难辨识这些植物是什么品种。

埃及斯尼夫鲁为王的时代，在尼罗河三角洲一个地方官的陵墓壁上，已经出现描绘花园的壁画：宽敞的园地，其中的葡萄藤、湖、树都带着骄傲而愉快的模样。在底比斯的这幅第十三王朝的墓室壁画（左图）中，虽然时隔千年，传统的形式却并未改变。每隔一段时间，人们就把种在水池里的芦苇和纸莎草割下来制作编篮与纸。下图为在陵墓中发现的花园缩小模型，用来陪伴死者到冥界。

发，溯尼罗河而上，越过红海，直抵亚丁湾。此行满载而归：他将 31 株没药树 [le balsamier（译注：这是一种热带植物，其叶液散发香气，花苞可制香膏。）] 幼苗带回埃及——用来萃取没药（la myrrhe）。这些幼苗被放在柳条篮中运送，埃及人把它们种在底比斯的太阳神阿蒙神殿花园。

后来，公元前 7 世纪亚述人入侵埃及、波斯人受亚述帝国的统治，以及公元前 332 年亚历山大大帝征服埃及都促使植物品种的推广。

# 希腊：田园诗之乡（L'Arcadie）

尽管从公元前 4 世纪已证明花园的存在，但希腊因地形多岩多山，气候炎热干燥，显然不是建造花园的理想地点。希腊人发明了"神圣树林"（Bois sacré）的概念。这是一个受神祝宠爱的自然之地，未经造作、原始自然，富庶而令人心旷神怡；也是一个抒情而充满宗教情怀的花园，正与开发自然的农产观念形成强烈对比。希腊人种植蔬菜与小麦解决民生，而种花的园子则是献给神的。这种天然形成的园子，在希腊神话里俯拾皆是。从擎天神阿特拉斯女儿赫斯珀里得斯姊妹替天后赫拉保管金苹果的花园，到米达斯国王的玫瑰园。这些园子代表理想中的宜人之境（locus amoenus），有魔力的地方，与其他自然之地不尽相同，因其萦绕着某种独特气氛和精灵——"场所精神"。这是献给神祇或英雄的地方，自然景物表明它神圣的一面。

# "场所精神"（Le Genius Loci）

希腊人被视为擅长发挥风景潜力的大师。神殿、剧场及公共广场的设置不仅形成天然屏障，也提供炫目的透视效果。树木被赋予神话人物的性格，成了神仙，在当

阿多尼斯节时，希腊妇女登上屋顶放置"迷你花园模型"，然后在上面洒下她们的泪珠，祈求阿多尼斯的重生。神话里有丰富的植物变形故事：达芙妮为了躲开太

阳神阿波罗的追求变成月桂树，阿波罗则采用了月桂树，使之最后演变成胜利的象征。

时的花园建造计划中，树木是不可或缺的。至今发现最早经过布置设计的花园痕迹，在雅典广场（l'agora d'Athènes）的赫淮斯托斯神殿旁。花园沿神殿的列柱直线而建，以两列大小灌木为主轴，小花坛为辅。围墙上可能有葡萄藤攀缘。在公元前 5 世纪多立克式的建筑中，植物布置是古典时期的神殿里的典型方式。人们种植柏树、月桂树及梧桐树以制造林荫。

米诺斯文化的壁画（下图）在圣托里尼岛上被发现。画上表现的是与自然和风景联系的宗教仪式。其中高度图案化的加尔亚顿百合（Lilium chalcedonicum），说明在希腊文明里花所

扮演的重要装饰的仪式的角色。花的颜色、形状，甚至芳香都赋有象征意义，并与一定的神祇、日期、地点及行为相对应。

## 哲学家与花园

　　希腊人在体育场、市场与集会场所如柏拉图学园、亚里士多德学园附近都种植庇荫的树。悲观的哲学家伊壁鸠鲁并不贬低享乐的价值，他临终时把花园赠送给他的城市雅典作为公园。尽管如此，在亚历山大大帝称霸后，希腊贵族才开始模仿波斯与东方式的玩赏花园。此时，装饰着喷泉与岩洞的公园，成为希腊城邦和殖民地的要素之一。私人花园则在壁龛或喷水池里安置雕像。人们偏爱玫瑰、鸢尾花、百合、

紫罗兰、康乃馨等鳞茎花类以及草本植物，此外，也有小型水果、带壳水果（如核桃）。在希腊世界中，伊壁鸠鲁著名的花园是首先呈现丰饶华丽景象的园子，可惜没有任何描述留传下来。几个世纪后，伏尔泰在 1755 年的一封信中，把他在日内瓦附近退隐之处描写成就像"哲学家的宫殿加上伊壁鸠鲁的花园"。

## 罗马花园的渊源

　　罗马及附近花园的设计，受希腊化时代精致文化影响很大，后来扩展到整个帝国。罗马人也从东方、埃及和波斯汲取灵感，但他们不纯粹是模仿，还孕育出综合且复杂的美学，在欧洲造园史上留下深刻痕迹。

罗马人在卡普里（Capri）富裕的提贝尔（Tibère）别墅复原图（左图）。花园面向自然风景，以庭园作为背景，所有建筑——宫殿、亭榭、廊柱、神殿或鸟屋——都融合在园中。

希腊人对大自然和花园，有着形而上学般的简朴涵养。可以种植花木的地方，只限于城市的公共领域，如广场、神殿的周围及散步道；原来只种植日光兰与蓑苔类植物的墓地，则变成道地的墓园。上图这幅由画家勒卢瓦尔（Leloir，1841）所画的《荷马行吟图》，正反映了希腊人对自然风景的品位。

罗马人学埃及人在花园中心设置水池。如有足够空间，他们也开凿运河，做一条假的欧里帕河（Euripes）。亚历山大城内，托勒密王朝在花园内安设精心制作的岩石及洞窟，用来敬拜他们的保护神狄奥尼索斯，风靡一时。

卡托（Cato）是当时的政要，也是农艺学家，其著作《农书》（De agri cultura）兼具实用性建议与农业理论，内容丰富。此书主旨在赞颂田园与自然的单纯，可说是对雕梁画栋、

锦上添花的直接攻讦，对罗马社会的批评，但却是对大自然的歌颂，同时也表露他对伊壁鸠鲁避世想法的向往。

## 城市住宅内的庭园（L'hortus urbanus）

公元前 1 世纪的拉丁文作家如科卢梅拉（Columella）、瓦罗（Varro），甚至是维吉尔在其名著《农事诗》中都有

庞培城的壁画（下图）保留了当时城市的居家庭园，才使人们今日能多了解罗马花园。庞培城的花园多在房子整体设计之中。住宅前厅——屋顶有方形天窗，让雨水滴入水池——之后，即见庭园，原来只是简单的菜圃，后转变成玩赏用的花园。

关于农业与园艺的理论。这些著作促进了乡间居处，即所谓"别墅"（Villa）花园之发展，特别是保存了大量上古时代的植物学知识，成为文艺复兴时期人文主义者的典范与灵感来源。据大普林尼的说法，在罗马王公贵族或私人别墅里，特别发展出一种结合象征与装饰效果的"庭园装饰艺术"。瓦罗的《论农业》是第一本描写乡间别墅的著作。别墅建筑必有廊柱、供植物攀藤的凉棚及大鸟房。为说明大鸟房，瓦罗以自己别墅里的托罗斯（tholos）为例，这种以柱子与圆顶组成的圆形建筑，里面养着婉转的鸟儿——鸫鸟和夜莺，可以作为餐厅使用，有转盘桌与冷热水的水龙头。向外眺望，呈现一片葱郁"小树丛"（bosquet）。

1 世纪末，小普林尼对围绕大型别墅的全人造或半人造风景进行分类——"树林、小树丛、小丘陵、鱼池、水渠、小川与河湾"，并描述了他的两处住宅——一处在罗马附近海岸平原上靠近奥斯提（Ostie）的劳伦蒂姆别墅，另一处在托斯卡纳地区台伯河河谷的别墅。

庞培城里的壁画（跨页图），极复杂的栏架艺术赋予花园一个建筑上的框架，并且有助于整合园里各元素。（下图）玩赏

用的花园充满了回廊、喷泉、花卉，高矮树木一同助兴。原本屋宅隐私部分的中心在前厅，现在转到庭园的廊柱建筑。其装饰兼具神圣与世俗性格（图为庞培城的洛瑞阿斯·蒂伯庭那斯住宅）。

## 罗马最终的繁盛：哈德良的别墅

　　普林尼时代对大自然的高明运用，到了西罗马帝国时代更加奥妙。西塞罗在图斯库卢姆（Tusculum）的别墅配有一个学院与一所中学，但比起皇帝哈德良在蒂沃利的别墅，真是小巫见大巫。哈德良这幢别墅极尽奢华，建筑工程从118年持续到138年，他却在竣工之年去世。这个花园里，突显地方特色的元素（topia）被发挥得淋漓尽致，花园被构想成"想象之境"。

　　像许多罗马花园一样，哈德良的别墅也善用幽谷起伏的自然风景制造透视效果，人们可从平台上欣赏到坐落在自然形成的盆地内的大部分建筑物。征服空间的欲望与亲密感相结合，反映出罗马人的自负感，他们既要保护自己的文明，又要强制别人接受他们的意志。

　　哈德良同时代作家斯巴提安（Spartian），曾提到位于提布山脚下的蒂沃利别墅，占地广达80公顷，其屋舍与纪念性建筑，乃是皇帝出巡帝国时所特别赞赏的名胜古迹的模仿重建，如色萨利（Thessalie）的滕比（Tempé）河谷、雅典的斯多葛柱廊，以及一个仿照尼罗河三角洲的湖，名为卡诺蓓（le Canopée），见下图。

## 波斯及伊斯兰的影响

　　约公元前 546 年，居鲁士在帕萨尔加德的庭园其实是一个波斯园囿 [ jardin clos（译注：《说文解字》谓"囿、苑有垣也"。）]，名为"帕哈地"（paradis，法文即"天国乐园"）。基本架构为：四方各有出口，平面呈几何形，外殿与私密的内殿相通。花园里有用石块堆砌成的渠道和种着花草、绿树、灌木丛的方形园囿。亭榭的功能类似观景台（belvédères），所以，当君王居高临下，整个驯化后的景观尽收眼帘。同时，他也象征性地监视其王国。古希腊史学家色诺芬提及居鲁士的园子时写道："花草井然有序，树林疏密有致，馨香袭人，回味无穷……园子主要来自波斯国王的构想。"伊斯兰花园的传统承自波斯，往后在亚洲、非洲及部分欧洲地区发展。自 8 世纪后，其地理上的扩张伴随着穆罕默德的信徒所向披靡。阿拉伯部落在 7 世纪末打败古老的波斯王朝：跨马骑驼驰骋沙漠，一手舞剑，一手执《古兰经》的游牧民族，终于发现先知应许的天堂。对沙漠里终日因缺水为患，不停为生存奋斗的人民而言，这个充满"水果、喷泉与

　　卢克雷提乌斯（Marcus Lucretius）别墅在罗马附近，根据观赏用大花园建造原则，花园之妙在于有效地利用地点之自然透视角度，即所谓"借景"。在这里，须将一览无余的维苏威火山背景纳入建筑群中。土地界线由学艺之神赫尔墨斯（Hermès）头部雕像的石界标明，另有神力庇护作用。四周果树和乡间景色和谐相连。此时，对田园的模仿（L'imitatio ruris）取代井然有序的花园的精致豪华。代之而起的是草坪、芬芳的紫罗兰、玫瑰、迷迭香、莨苕类植物、常春藤及罗马人善于修剪充满想象、形状丰富的黄杨木——即所谓的造园艺术。

石榴树"，绿意盎然"树荫遍布"的天堂，乃是生命和希望的象征。无怪乎绿色成为伊斯兰的代表颜色。

## 4个神圣元素与象征几何

数字"4"代表4个神圣元素——火、气、水、土，这个象征在极古老时已出现。《旧约·创世记》载："有河从伊甸流出滋润那园子，从那里分为四道。"上古的波斯人认为，世界以十字形划分成四部分，中心点是一生命清泉。两河流域的狩猎园分为四区，中央矗立一幢建筑物。在佛教图像里，为表现富饶与永恒生命，中心也有一河四分而流。承袭此一传统，伊斯兰教文明乃有四等分的花园"查赫巴格"（le chahar bagh）及中央有喷泉或水池的中庭。从统治者的宫殿、清真寺、神学院到市集、旅店、平民住宅，都可看到此种庭园。伊斯兰世界里到处可见以天赐之泉为中心、四周环墙的空间，表达秩序、唯一与祥和。

伊斯兰的花园如同波斯的一般，一切都赋予寓意，一切也都奠基于安拉应许下的美善。《古兰经》中都有指示。树木各赋予象征意义；柏树代表永恒，也很诗意地代表妇女之美。

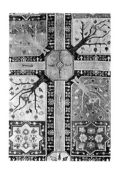

16 世纪的波斯细密画（左图）实与远古的传统紧紧相连：居鲁士很早就跟着花园的建造工程，亲自画下他的花园，他甚至还参与修建工作。在干燥的中东地区，花园是欢乐的保证、文明的表征。君王爱好园艺，连莫卧儿皇帝也不例外：在攻占印度前，年轻的巴伯尔（Babur）在撒马尔罕，住在被果园与"波斯式"灌溉系统包围的花园里。他留下了对自己创造的花园详尽的描述。在巴伯尔的花园里，可见巴伯尔对众多园丁下旨令。花木扶疏的几何形花坛略高于地面，且以灌溉水渠分隔开来。花圃是根据传统的几何图图案而建，我们也可以在波斯的织毯上找到同样的图案（上图）。

　　伊斯兰的花园多是长方形，四面环墙。严肃的几何平面有低矮的花木作为调和。阿拉伯人和希腊人、罗马人一样，对一地散发的气氛十分敏感，尽管受限于建筑物设下的框架，但他们依然能创造千变万化的花园。这个传统蓬勃发展的结果，使信奉伊斯兰教的地区纷纷采用此种形式的花园，就连相隔甚远的莫卧儿统

治下之印度，以及摩尔人占领的北非与西班牙，都风行不已。

## 摩尔人在西班牙的花园

8世纪，随着阿拉伯人在西班牙南部与东北部的征服扩展（711—714），伊斯兰花园开始在欧洲出现。阿卜杜勒·拉赫曼一世从大马士革被赶到安达卢西亚，成为科尔多瓦亲王。继承者阿卜杜勒·拉赫曼三世，是阿拉伯世界西半边最高统治者，登基后即决定在麦地那·阿扎拉修建一个大花园。

修建赏心悦目的花园对统治者尚嫌不过瘾，还从巴格达引进830年时首屈一指的植物学知识。10世纪，科尔多瓦附近有数以千计的花园及一套极有效的农业灌溉系统。麦盖里（Al Maqqaari）描写安达卢西亚的花园："鸟语花香，吾闻水轮转声琤琮。"11世纪科尔多瓦城内，纳兰霍斯（los Naranjos）庭院成排的橙树，令人联想起清真寺的群柱建筑，倭马亚

阿尔罕布拉宫（上图）出神入化的中庭与花园里，焦点总由水池或亭榭点明，它们位于水渠或路径的交叉处。尽管园中小径都是笔直的，但园子的设计完全配合场所精神。伊斯兰的花园同时也是水的花园：水象征生命与纯洁，在园里以各种方式出现，无处不在，不管是流动的或涌现的，还是玲珑的或宁静的。

法国14世纪的小细密画（左图），描绘科尔多瓦的统治者在他的花园中……可谓伊斯兰与中世纪基督教世界之间联系的例证。

[omeyyade（伊斯兰世界最盛时的王朝）]
花园最精粹的表现。

　　尽管 13 世纪塞维利亚与科尔多瓦政
权衰亡，摩尔人的影响依旧在西班牙流传。
当时伊斯兰在西班牙仅统治格拉纳达，当
地花园依山而建，就在都市旁。

　　其中包括全世界花园翘楚——阿尔罕
布拉宫和赫内拉利费宫（Generalife），呈现
天堂光景。物换星移，今日，这个摩尔人

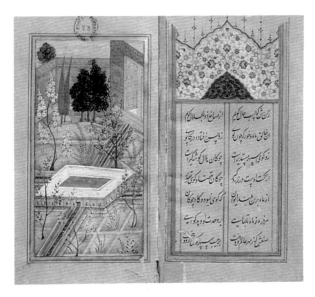

波斯私人花园（左图）：拥有秩序、几何及清新之感，并且以水为中心。代表永恒的柏树与象征绿荫的梧桐倚墙而立。事实上，第一本关于植物及其医药特性的描述之书，是由1世纪希腊一位军医迪奥斯科里季斯（Dioscorides）所撰。阿拉伯人在中世纪时成为精通观察植物与药草医学的大师，其实是建立在希腊人的植物学基础上的。见左下图，许多手抄书稿足以为凭。

最灿烂的遗产仍居欧洲文化遗产珍宝之列，也是欧洲13、14世纪花园硕果仅存之证据，其优美与莫卧儿统治下印度高妙的花园不相上下。

## 伊斯兰传统及知识的深远影响

阿拉伯人翻译并保存了上古以来的科学遗产。拉希德与继承人也从亚洲及非洲引进种子和植物。伊斯兰国家与基督教徒间虽战争频发，但并不妨碍花园传统逐渐广泽中古的欧洲。欧洲人也开始品尝感官的愉悦。阿拉伯人播撒不同种子的原则，衍生出欧洲"缀满百花的草地"（la prairie fleurie）——但欧

洲人比起阿拉伯人来说仍较含蓄。两个文明都喜爱花香四溢，也都对玫瑰情有独钟。阿拉伯的影响力前所未有，法国南部蒙彼利埃市内 13 世纪建的植物园即可佐证。同一时代，马拉加的大植物学家伊本·贝塔尔在其著作《药物学集成》中将 1.4 万种植物分类。多亏阿拉伯人保存分类植物学知识，收集、描绘植物，欧洲人才得以继承珍贵遗产。

《器用全览》一书的图解之一（下图）。此书保存在伊斯坦布尔的托普卡帕（Topkapi）宫。该图描绘了一个抽水系统，由此证明阿拉伯人精通水利。

从罗马帝国衰亡到文艺复兴，欧洲中世纪是连接这两个时代的桥梁。园艺在修道院里保存下来。就在这个时代，秘密花园，即幽闭的园圃（l'hortus conclusus），被选为教廷的象征；而王公与诗人偏爱的是欢愉之园（l'hortus deliciarum），是与世隔绝享受天国之乐的花园，亦是人间乐趣的泉源。这两个隐喻成为中世纪花园的核心。

第二章
# 中世纪的花园

中世纪的花园最早的写实再现（représentation），出自 15 世纪的佛兰德斯油画。画中充满了亭榭、草皮步道、装饰性的树……当然还有花卉。左图为一个正逢欢庆时分、园圃形式的玩赏用果园。

## 阴影与遗忘

476 年，罗马帝国最后的皇帝罗慕路斯逊位后，欧洲有好几个世纪都笼罩在黑暗中。阿波里奈（Sidoine Apollinaire）笔下保留了罗马时代花园最后的一瞥。他是 5 世纪时高卢罗马贵族，约在 470 年成为克莱蒙（Clermont）主教。他的乡间别墅在法国中部奥弗涅（Auvergne）的阿迪亚（Adyat）湖畔，比

普林尼的别墅简朴。3 个世纪后，才有《环舆农事全览》（le Capitulare de villis vel curtis imperii）一书出现。此书因查理大帝开出一张载录 89 种植物的清单而形成，帝国各处皇家花园都要求种植这些花草树木。总之，黑暗时期花园领域的损失不小，幸好有造园师傅薪火相传，使园艺知识流传下来。他们的雇主大抵是当时的统治阶级：王公贵族与教士。在罗马帝国作为安定的保证

罗马帝国殖民地境内精致的乡村生活、丰收和造园艺术，在各种各样的牧歌式活动中保存下来，这幅4 世纪的迦太基马赛克壁画正是一个例子（上图）。在欧洲，中古时代在文明的各领域皆有不容否认的退步，造园艺术与农业也不例外。然而，幸亏修道院与园艺师傅传承下技术与知识，使得园艺的复苏成为可能。左图这幅高卢罗马人的马赛克壁画，描绘的是果树的插枝，即是一例。

的情况消失后，封闭而受保护的花园就变成逃避危险不安的避风港。这使花园作为玩赏用的传统得以保持。

## 加洛林王朝时期的园艺与农业

如今能得到的资料来源，最早可追溯到加洛林王朝时期。当时帝王的园艺顾问是影响力颇大的修道院院长。如法国南

中世纪的修道院是保存艺术与科学的中心，同时也保存了菜园与草药园。修道院里的图书馆则是上古文化的典藏库。这幅版画说明了教士们必须自给自足挥汗浇灌土地，栽培他们赖以为生的园地。修士们踏实地拥有与大自然沟通的感觉，他们还受《圣经》天国乐园的传统滋养。当他们在田里工作时，那个上帝应允却又失去的乐园景象，洗涤着他们的灵魂。9世纪的一位瑞士教士斯特拉博（Walafrid Strabo）写下一首诗《园艺之书》（Liber de cultura hortorum），以"小园子"（Hortulus）之名著称。没有比他对园丁有纪律又祥和的生活之观察更感人的了。春天来临时，他自问对荨麻做什么处理才好，"做什么呢"（Quid facerum）？于是他拔除这植物中十分难缠的根……除此以外，别无他法。

1305 年，意大利人克瑞森斯撰写《田园作品指南》(*L'Opus ruraliu commodorum*)一书，书中将花园分割成小正方形或长方形，成为日后所有外形规则花园的基础。

部朗格多克（Languedoc）阿尼亚讷（Aniane）的修道院院长伯努瓦（Benoît）与德、英的修道院（如约克的阿尔古因）保持良好的关系。约 800 年时，他们之间互相交换药草。知识分享即从这个时代开始。一方面，教会人士是当时拥有知识的人，在过去与当代之间画上连接线，线虽细弱却实实在在。另一方面，当地修道院与伊斯兰文明接触，从西班牙与东方引进新的植物种类。

　　同一时代，除查理大帝的清单外，还发现一份有关理想修道院的详细平面图，此修道院在瑞士圣加仑（Saint-Gall）。草图里呈现三个花园，都在修道院内：第一个在医护室旁边，是种植药草的简朴园子；第二个是种满莴苣、洋葱、甜菜、红萝卜与香料草的菜圃；第三个是沿墙有果树成行的墓园。这些实用的园子也种玫瑰、百合与鸢尾花……花都具有宗教象征且芳香四溢。

这几个园子的计划图，加上加洛林王朝的政令、教士斯特拉博的诗以及普兰（Wandelbert de Prum）撰修的园艺用日历交织成一幅图画，完整地呈现这个时代的造园实践与美学。

中世纪的珍贵药草也带有欢愉享乐的效果。这些植物可提炼做香精和化妆品。左图是从《健康花园》（Tucuinum Sanitatis）摘录下的小细密画，描绘妇女们正采摘玫瑰花瓣制造香水。如同上古时代那样，花朵也被用来装饰房屋内部，经常是编成花束或花圈的样子。每个修道院都有一个简朴的药草园。神父的花园或"有学问的妇女"的

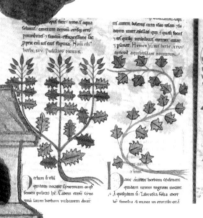

## 中世纪庭园的三种形式

中世纪时代，除供玩赏用的花园外，庭园大体可分为以下几类：玩赏用园圃、实用菜圃与修道院或妇女在家宅旁边经营的种植药草的空间。第一类花园在 15 世纪有许多

花园，通常在花卉、果树或蔬菜旁边都辟有一处药草园。植物学的专著从阿拉伯流传过来，在欧洲发扬光大。

不同形式：长方形或正方形的四周环墙的小花园，或园中用栅栏围起来的草地，有畦田般的羊肠小径、喷水池与略高于地面的花圃，甚至还有装饰性的果树——一切都为了从踏出房子或台阶即可看见让人称羡的美景。在这类园子里，不论是中央一

中世纪花园里，也可以找到栅栏编织艺术的元素……比起罗马时代的夸张，中世纪的规模较小也较简单。左页为 15 世纪的小细密画，可看到花园的边界是以柳条编成的篱笆固定。所有的花园、果园、玩赏用或狩猎用的园子，都因时局不安而筑高石墙，或建造密布的篱笆、修饰的树丛以起防卫之效。但是，人们的幻想并未因此消失：《健康花园》书里的一幅幽默画（下图），描绘了巨大的曼陀罗，它的根像极了有人头的小布偶，因而把一个农夫吓得抱头鼠窜。

大块植物集中的地方，或是方块草圃、棋盘状花圃，以及有时修剪得不太寻常的灌木丛里，都可找到果树。事实上，人们开辟这种装饰性强而构造复杂的果树园，纯粹是为了奢侈的功用：果树开花时供人欣赏，且果树园多在池塘或水池边，人们可在树荫下散步。

　　中世纪已有植物园，源自伊斯兰文化，文艺复兴时期的植物园也受伊斯兰传统启发。约 1250 年时，蒙彼利埃市[ 1202—1349 年间属西班牙阿拉贡（Aragon）王国管辖 ]就已拥有植物园，隶属西班牙的阿拉伯医生创立了著名的医药学校。

## 城市里第一座提供散步与玩赏的公园

　　加洛林王朝的国王下令开辟休憩玩赏公园，1000 年左右，可在西班牙的普拉多大道、维也纳的普拉特大道及巴黎的圣日耳曼德佩区（Saint-Germain-des-Prés）与普雷欧

克莱尔餐厅（Pré-aux-Clercs）看到。这一传统当时应十分盛行。但至晚近，人们仍以为文艺复兴前带有景观的园子不存在；而今已知，天堂般的波斯花园概念被阿拉伯人采用，11世纪经西西里到意大利再传到北欧。诺曼人入侵卡拉布里亚与西西里，使东方园艺远播西欧，抵达英国。

## 基督徒的寓意观点："幽闭的花园"

梦幻之园、秘密之园带着强烈的宗教象征。灵感来自《旧约·雅歌》对圣妻与所爱之人的描写："我妹子、我新妇，是幽闭的花园，是密封的井。你的源泉灌溉了石榴园，你有最鲜见的花与树——有甘松茅、番红花、菖蒲、肉桂、各种乳香木、没药、沉香与一切上等香料。"这样的视觉性隐喻，到中世纪成为教会的寓言，光辉圣母的地位最重要。天真纯洁的"圣母玛利亚之园"里，花都是象征，散发着美德，以献给圣母的玫瑰为最。

## 文学的观点："欢愉花园"

在中世纪文学、图画或彩绘善本书中存在着一种想象的花

园。在特鲁亚（Chrétien de Troyes，约1168年）的《艾莱克与爱妮德》（Érec et Énide）一书中，美妙的花园即充满长生花果，鸟语啁啾的天堂……《玫瑰传奇》（Le Roman de la rose）称得上一部情爱艺术、"骑士之爱"指南。1220年先

中世纪的花园像一面双面镜，一面是充满寓意与宗教的"圣母玛利亚之园"，即幽闭花园，园中的每一朵花都赋有象征意义（上图）；镜子的另一面，是爱情的花园——骑士追求美女的爱情——《玫瑰传奇》一书中的花园（下图）。两者都是想象的花园，但反映了中世纪花园的实际情况。

由德·洛里斯（Guillaume de Lorris）起头撰写，
1280年让·德·默恩（Jean de Meung）以讽
刺体完成。此书影响甚巨，被译为各种语言，
一个世纪后由英国作家乔叟译成英文。

　　这种天堂般的花园，是梦幻与寓言的理想

《失恋书》描述了
花园里美丽而裸身的维
纳斯，其欲望的形象……
但是被围墙保护。

《玛利亚的花园》由15世纪初莱茵河区的一位画师所绘，描绘的是幽闭花园，提供了中世纪花园艺术的最佳写照。沿着墙或草地上生长的树木花草混合一片，园艺方法自成一格，与四周围绕小径、植物栽培有限的几何形封闭园圃的传统不同。这是基督教影响下的对上古的"神圣树林"的重新诠释，但是有墙把外面的世界区隔开来。在圣母玛利亚的四周，环绕着天使、圣者以及鸟儿的鸣叫声；一切都为了完成仪式的动作，圣多萝泰采摘樱桃，也是这个目的。图上可以找出至少18种花卉，其中有圣母百合（Lilium candidum）、鸢尾花、报春、铃兰、雏菊、蜀葵、牡丹、雪片莲（Leucojum vernum）以及开花结果的草莓。

之境，是想象与现实的混合体。骑士文学里出现的花园，基督教的象征演变为带有情爱寓意、影射享乐的词语。

## 薄伽丘的《十日谈》：文艺复兴的曙光初现

14世纪，意大利诗人薄伽丘所撰之《十日谈》，衔接中世纪与即将来临的璀璨时代。佛罗伦萨一群贵族离弃他们被瘟疫肆虐的城市，寻找避难之处。最后在菲耶索莱（Fiesole）一幢别墅受当地好风好水之益，寻回精致文明。这个避世花园仍具中世纪色彩，其复杂程度显示出文艺复兴时期别墅花园的壮观。

## 赞助者国王的花园

安茹国王路易二世的幼子勒内，1435年继承那不勒斯及西西里的王国的王位。这位安茹公爵也是普罗旺斯伯爵，他的两个主要住处：一处在昂热（Angers，法国卢瓦尔河）；另一处在普罗旺斯地区艾克斯（Aix-en-Provence）。

他热爱园艺与种葡萄，今日法国南部桑葚树的引进应归功于他，还从南国原产地把有麝香味的葡萄引介到法国。他对花园如此痴迷，不仅在安茹国境广设花园，甚至还移植普罗旺斯的玫瑰至别处生长，把领地变成所谓"法国的花园"。

勒内王 1471 年开始在普罗旺斯安定下来。此地丰茂的农作物吸引了他，且离意大利不远，兼具商业往来与发展文艺之便。领地中包括前一世纪教皇住处所在的阿维尼翁。他不在乎债台高筑，一生沉溺在园艺经验与玩赏花园的建造里。

如今，这些花园早已消失，但"好勒内王"仍在民间神话和以风景与田园题材为主的文学作品里被传颂不绝，其中以《情迷心书》最著名，不但符合当时世俗爱情的品位，同时呈现当时对风景的诗意感受。勒内王堪称时代的代表人物，他甚至已身跨未来了。

《十日谈》一书中，在薄伽丘想象的花园里，第六将尽时，出现了环形的、由对称的山峦与平台围绕的、充满了花草的仕女河谷……这乃是融合自然与人为的中世纪想象。第三日，薄伽丘描述了一个铺着草皮、四周有围墙的花园（左图），中央有个大理石喷泉，水由圆柱上的雕像喷出，流经"建造十分讲究的渠道"。这已经带有文艺复兴气息了。P32 左图是既会作诗又懂园艺的勒内王，他住处的窗户开向一个精致优美的花园。其他两幅中世纪的手抄稿，一幅描述水果的采集（左页下图），另一幅描绘射箭（下图）。这是中世纪庭园既实用又给人带来快乐的一面。

**彼**特拉克认为，在上古时代人们的观念里，花园是吟诗教学的最佳场所。纵然他受拉丁文学启迪而建的花园并不成功，但他却为一个艺术开辟了迈向复苏的道路。15世纪，意大利的人文主义者希冀寻回上古时代知识与美学之理想。他们对过去怀有高迈的憧憬，梦想以光明战胜数世纪的蒙昧。

# 第三章
# 文艺复兴时期的"人文主义"花园

佛罗伦萨附近，美第奇家族于卡斯泰洛（Castello）的别墅，在瓦萨里（Vasari）笔下成为"欧洲最华丽美妙"的花园。园子严谨地区分成许多空间单位，每个部分各有特色，整个园子依着几条上升的轴道，围绕着装饰元素与喷水池组织起来。花园是别墅建筑的延伸；自从罗马帝国以来，这也是花园第一次充满信心地开向外面的世界（右图）。

## 阿尔伯蒂和古典的和谐

  在古希腊与罗马，花园在哲学家、诗人、贵族和政客的世界里扮演重要的角色，而他们正是文艺复兴时期意大利人的榜样。美第奇（Laurent de Médicis）的圣马尔科（Giardino di San Marco）之园被构想成保护雕塑家并让他们工作的地方。美第奇另有卡雷奇（Carecci）别墅，以新柏拉图派费奇诺为中心的佛罗伦萨学园即在此地形成。这两处园地都是佛罗伦萨作家阿尔伯蒂（Leon Battista Alberti）影响下的产物。其著作《论建筑》（De re Aedificatoria）在 1485 年付梓，以前人之说为基础。特别是他与小普林尼、维特鲁威秉持的态度一致：确信美生自和谐之中。

依照文艺复兴时代"完人"阿尔伯蒂的指示，位于托斯卡纳省的宫殿模仿罗马时代的别墅。园内拉着墨线画出整齐的线条，树木成列的走道与攀爬植物的木架绿棚在园中有节奏地分布。花园具备文明生活所能贡献的所有散心与享乐功能，而且能让人文主义者在园中讨论（上图）。右页图为佛罗伦萨的皮蒂（Pitti）宫殿，呈现它在 15 世纪时的原貌。

阿尔伯蒂描写了一个理想中的乡村别墅，人应在其中全然地享受大自然提供的愉悦，因为大自然是个适合沉思的地方。以罗马时代的花园为本，园里栽种黄杨木，布满精雕细琢的树木，常选建在斜坡上以饱览美景。由于沿斜坡而建的地形，花园应四面有墙，故风景不可只限于房屋四周，有远眺之景更显重要。理想则是达到别墅、花园与自然间的和谐。

## 罗马与文艺复兴时代的花园

如果说佛罗伦萨孕育了花园艺术破茧而出般的重生，罗马则给予它决定性的影响力。源自佛罗伦萨的观念架构，强调建筑的重要，植物依循定线种植，采用常青植物品种，这一传统后来成为意大利花园的特色，延续到 18 世纪末。这些特点在罗马附近被善加利用，发扬光大。15 世纪初时兴在乡下建别墅作为隐逸之所或城市之外的社交中心，有利于花园的修建。1420

科隆纳（Francesco Colonna）所著的《波利菲勒之梦》，是一个寓言式的梦，反映了文艺复兴的文学根源：爱情的花园走出中世纪的宗教背景。《波利菲勒之梦》一书的插图版画（上图），对矫饰主义风格的花园的所有图像都产生了影响。

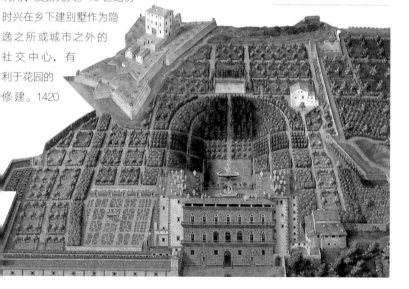

年 9 月 30 日，当教皇马丁五世（Martin V）和科隆纳离开阿维尼翁进入罗马城时，罗马简直如废墟一般，要好几十年的光景才脱离荒芜境地。15 世纪第一位重要的文人教皇尼古拉五世经常到佛罗伦萨，与当地人文主义者颇有接触往来，在他们的影响下，教皇宫殿成了博学中心：可见尼古拉五世创办梵蒂冈图书馆不足为奇。这也是对"上古时代"的重新发现，把上古当作灵感与研究泉源，并投注新的兴趣。

## 教皇与主教，赞助者与建筑大师

教皇朱利斯二世（Jules II）于 1503 年登位，在大力建设罗马前，他已拥有一座花园。当时，花园的兴建为的是展示他大量的古董收藏，特别是"美景中庭的阿波罗"（l'Apollon du Belvédère）。其后，朱利斯二世将他的宝藏转运到美景中庭——一幢曾由教皇英诺森八世兴建的别墅，并辟建一座广阔的园子以连接别墅和梵蒂冈宫殿，特别挑选建筑师伯拉孟特（Donato Bramante）

玛丹别墅的秘密花园（le giardino segreto，上图）入口。玛丹别墅是拉斐尔创作未竟的一座遵循古典规则的花园，园中修筑一长土堤马道直达马里奥山，这是对上古别墅理想的表现。这个理想观念曾由小普林尼保存在他自己的别墅中并描述下来，对日后罗马附近的别墅影响甚深。

负责。壮丽的美景中庭可视为庭园建筑史上空前的一步。

　　玛丹（Madama）别墅是文艺复兴时期首座位处罗马之外的别墅，为来自托斯卡纳的主教美第奇（Jules de Médicis）所有。别墅的构思来自美第奇家族在菲耶索莱的别墅。1516—1520年间，拉斐尔、侯曼与乌迪内都曾经用他们的画笔勾勒出别墅的倩影。而这个上古罗马别墅的建造仅留在规划阶段——傍山而建，层层平台随坡而降，从方形驰马场远望，罗马景致尽收眼帘。这幅宏伟高雅的规划图以其场所与四周环境的关系为基础，全然观照到周围的自然环境。此后，许多别墅都以这座未完成的极品为范本。

## 伊斯特别墅

　　从伊斯特（Este）在蒂沃利的花园俯瞰出去，罗马附近金黄色的田野尽入眼底。这些园子不愧是文艺复兴时期最具震慑效果的典范。园主人是主教伊斯特之伊波利特二世（Hippolyte II d'Este）。兴建工程始于1550年，历经30年才完成。设计花园的建筑师利戈里奥（Pirro Ligorio）也是"古董专家"，对上古时代知识涉猎甚深，信手拈来，并赋予卓越而具新意的想象力，俾其创造出这

　　梵蒂冈壮丽的美景中庭（长300米、宽100米，下图）。为在这个巨大的户外剧院创造出景观，园子的架构往古典的罗马城中寻找灵感，于是整个园子可分成三部分：离梵蒂冈最远的一层（最低的一层），以一连串台阶与斜坡将视线往一个中圆形的凹窝集中，这一层提供了极佳的透视景观效果；中间的一层有平视的景观效果；最高的也是最接近观景亭的那一层平台，有严谨规划的花园，布满了雕塑。

些花园。他自邻近的哈德良花园汲取灵感，但绝非模仿而已。花园的入口在园子的下方，游客可以从这里纵览整个园子，取得全面的印象。接着曲径通幽，美不胜收。最后来到屋舍前，从此处远望，美景令人惊叹不已。这是全欧洲也是全世界做工最繁复的水利花园。今日游园时，已无雕塑的踪影，它们多来自哈德良花园，而且应是排列成行。原本在雕塑旁增添生趣的喷泉也不复存在。然而，喷泉水池即使停歇不用，却仍然保有魔力。

## 秘密花园

　　文艺复兴时代罗马式花园的宏伟壮丽，实与阿尔伯蒂所说的一个"让人自由自在随心所欲，位于城市附近的隐逸之处"的理想花园差别甚巨，唯有一处值得玩味的细节相同：秘密花园。挟着中古时代的遗韵，这是一个绿意盎然的小天

地，闭锁而安详。它遗世独立，与花园辽阔的占地及其他部分宏伟的透视效果无关。我们在绝大多数的园子里均可发现这种秘密花园，在兰特（Lante）别墅里它以娇小见胜，罗马朱莉娅（Giulia）别墅则成荷花池的一部分，卡普拉罗拉（Caprarola）的日臻高迈超凡境界。卡普拉罗拉的秘密花园出自维尼奥拉（Vignola）的手笔，用浓密树林与宫殿隔开。

　　伊斯特别墅（上图）矗立于好几层的平台上方，平台由一个令人赞叹的台阶贯穿其间。旁边有通往不同方向的斜坡，有黄杨木、紫杉、月桂树的短篱夹道。别墅的表现主题是水，这里有丰富多样的瀑布、喷泉和水池，对水的运用比任何其他地方都来的戏剧化、灵动而有新意。左图为百泉之道，是一连串三层的神奇小喷泉，间隔装饰着奥维德《变形记》的灰泥浮雕。水喷起又落下，潺潺而流或在阳光下闪发光。

花园围绕一个游乐场（casino）——"享乐宫"（casin），即娱乐用的楼阁而建，眺望盘绕旋曲的人工瀑布。花园三面环绕着头顶古瓮的人像石雕（下图）。

鉴别16世纪的花园园主、建筑师或雕塑家是十分困难的，但是有两个家族、两位建筑师例外，即美第奇与伊斯特家族，以及伊斯特别墅水之交响曲的作者利戈里奥，与文艺复兴时期最伟大的建筑兼造园理论大师维尼奥拉。维尼奥拉还与阿曼纳蒂（Ammannati）、瓦萨里合作，为罗马的朱莉娅别墅工作，对水平与垂直的空间有出色的研究。1556年，当时的主教法尔内塞（Alexandre Farnèse）延请维尼奥拉把一个在卡普拉罗拉的五边形城堡改建成宫殿。同时，法尔内塞的敌人主教伊波利特·德·伊斯特，所费不赀地投资在别墅花园的辟建上。法尔内塞选择在那浩大的宫殿两旁各置冬夏二园，庭园简洁，并有欧洲最佳的秘密花园（上图为从平台俯瞰的园景）。

## 巴尼亚亚的兰特别墅

　　巴尼亚亚的兰特别墅花园也由维尼奥拉所建。他也是卡普拉罗拉的法尔内塞别宫（Palazzo Farnese）的创建者，与瓦萨里共同建造了位于罗马的朱莉娅别墅。维尼奥拉不仅是伟大的建筑师，还精通"剧场"透视法的理论与应用，把它灵活地运用在花园世界里。

　　在兰特别墅，花园的地位首次超越住宅。规则图案构成的平台，与旁边的树林之间的联系完全更新，另立门派。大自然神秘而带有地方原始宗教的力量，自此进入欧洲花

法尔内塞别宫花园在享乐宫下方的一个盛水盘（下图），由两个巨人框围起来，从中流出一连串水流（catena d'acqua），为一道顺着斜坡流下的瀑布。右图为兰特别墅，其中轴的一段也是由雕成蟹钳状的石头水渠构成——这是甘巴拉（Gambara）主教指定的。兰特别墅可说是维尼奥拉的上乘佳作，在其中充分展现了他在建筑景观设计方

园的主题之中，与上古时代的古典主题异曲同工。文艺复兴时期美妙的花园首先是一座由石块与水组成的花园。

　　兰特别墅花园的主题，引出从神话黄金时代到

面的天才。他的造园融合了大自然的寓意，给予了花园比建筑物更高程度的重视。

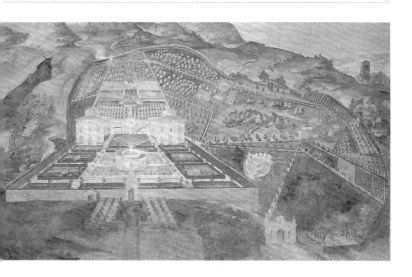

文艺复兴时期精致化的通悟之旅—— 一个以水的语言传译的隐喻——水时而平和，时而激荡。花园中心有一个喷水池。蒙田在1581年9月30日的游记中记载，喷水池就像"一座高高的金字塔，朝各方喷水，升落有时。四个美丽的池子环绕中央，充盈纯净清澈的水，池中又各置一石船，船炮向金字塔射出水丝，另有喇叭也会喷水"。

兰特别墅花园的水引自大自然里的小溪，溪水如瀑布般流到园子最高处洞窟里的洪川喷泉，然后直流而下至海豚喷泉，水从花瓶、海豚及面具里喷洒出来，再由好几层的水渠引导，水渠雕饰精美并有绿荫夹道，于是水流进了巨人喷泉，紧接着流入光明喷泉，最后终于在凯旋喷泉结束了长途跋涉（下图）。

## 神秘与魔法

迷宫的渊源可追溯到上古时代，神话中米诺斯国王为关禁牛头人身怪物，请著名建筑师代达罗斯建造迷宫。罗马人把迷宫图案运用到壁画及马赛克拼画的装饰中，基督徒则把迷宫当作人类救赎难以达成的象征。人们可以在教堂拼花地面上找到迷宫图案；在中世纪的英国，草地上修剪出迷宫图案，被称为"耶路撒冷的道路"。

以植物修剪而成的迷宫始自文艺复兴时期，而阿尔伯蒂却误以为这种几何构图是古典罗马花园的特征。自15世纪初开始，意大利花园即充斥着迷宫，光在伊斯特花园里就有4座。同时期，在英国有"编织花园"（les knot gardens），即以修剪过的灌木与花圃交织而成的图案。法国亦然，达·芬奇记载他须为弗朗西斯一世创造一个迷宫。塞尔索（Androuet du Cerceau）所著《法国最佳建筑》一书中，点缀了许多迷宫的图画。16世纪迷宫

16世纪英、法花园的典型，可以左上图的编织花园交叉图案为代表：植物图案的横条连续交织，象征着无限，酷似绿意草木修剪成的迷宫。法国作家拉伯雷曾提及，在德廉美梅修道院"优美的玩赏型花园"里摆置一个"美丽的迷宫"。在英国，迷宫成为选择与机遇的舞台：让坠入爱河的人们陶醉在高篱遮蔽下的追逐游戏中。

的高度不算高，只达膝盖。到 17 世纪，高度大增，如英国的汉普顿宫殿（Hampton Court，1699 年），又如由佩罗（Charles Perrault）于 1667 年为凡尔赛宫设计的大名鼎鼎的迷宫。

## "水戏" 或花园里的幽默

　　17、18 世纪意大利花园的水戏设计，引人入胜。这种设计需要复杂的水利机关才能运转自如。幽默的主题十分古典，多设在不经意之处。园中散步的人对喷水设施毫不知情，所以被淋得遍湿。这种恶作剧设计中世纪时实已出现，由阿拉伯人流传下来。而阿拉伯人吸收了亚历山大城的希罗（Héron）的发明（公元 1 世纪），且青出于蓝。以伊斯特别墅为例，一群鸟在猫头鹰喷水池中献唱，那是水受压缩所发的声音。当猫头鹰转头，鸟鸣便戛然而止。这座喷水池与希罗的著作《气体力学》（Pneumatica）关系匪浅。欧洲其他的花园如奥地利的海尔布伦宫、英国威尔顿别墅等亦然。

　　喷泉早在中世纪即已受大众欢迎，到了矫饰花园的混乱世界中，更成了热门的流行物，比如复杂的图像学主题与自动装置。这些设置讨人喜爱，但有时带有色情味儿，甚至粗俗淫秽，无论如何，都是出乎人意料的。上图为伊斯特别墅的维纳斯喷泉平台，到处隐藏着小喷水陷阱。喷水设备广受喜爱的原因，是因为它结合了享乐与好奇心：大自然乃是为人类服务的。

在意大利人的心目中，对植物园所持有的想法和对供消遣所用的花园的雅致与和谐的优势有着同样的见解。左图与右页上图为坐落于帕多瓦的植物园。从1545年由莫罗尼（Giovanni Moroni de Bergame）设计迄今，几乎保持原状。园子是一个封闭的圆形，直径长84米，分隔成16部分。每一部分选择一种植物以便学生辨认。从16世纪开始，植物学比医学受重视；这类园子具有调适异国植物生长的功用。1591年《植物目录》首度在欧洲出版，书中收集了1168种植物，其中的欧洲矮棕（Chamaerops Humilis）令旅行于意大利的歌德大为称奇。

## 植物园首度出现：药草园（hortus medicus）

不论是佛罗伦萨、罗马还是整个意大利，花园均非依照树种或花朵颜色来构思，而由耐久植物形成的图案（黄杨与紫杉）及岩石与大理石塑造的永久造型组合而成。

文艺复兴时人们对植物学的兴趣，引发了药草园的兴建。首座药草园于1543年建在比萨，接着，帕多瓦于1545年、佛罗伦萨于1550年也各建一座。早在中世纪，修道院已开始种植药草，但无一套科学的分类系统。当时"自然固形"学说盛行，认为外形近似人类器官的植物具备药草的功用。

不少人文主义者喜好研究自然，开始观察探寻植物生长、品种及原产地等问题。一些业余爱好者深受启蒙，不计现实利益地拓展植物学知识，威尼斯元老院议员米歇尔的《植物志》，即为马尔恰纳图书馆至宝之一。

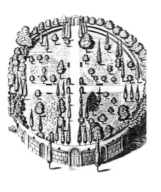

## 巴洛克：一个扩张世界里的艺术

16 世纪末，伽利略、牛顿与开普勒改变了人们对世界的看法，宗教信仰亦随之动摇。有限宇宙观点受到震撼，人处在无限宇宙之中。巴洛克时代对空间的律动看法，在建筑及园艺等相关领域产生了决定性的影响。人们改以扩张角度看待自然。

诞生于罗马的巴洛克艺术，强调表演胜过沉思，重玩弄幻景而非反映真实。17 世纪是挥霍的世纪。1605 年始，意大利博尔盖塞（Borghèse）别墅内建造了大型"几何"公园。1634 年在潘菲利（Doria-Pamphili）别墅附近也建有一座。此时罗马的都市计划与大教堂建筑催生出炫目的空间布置；花园在视觉幻影构成的世界，居从属地位。要看巴洛克景观艺术，须赴罗马以南 25 公里的弗拉斯卡蒂（Frascati）。

这些神怪住在博玛尔佐（Bomarzo）花园的梦幻世界里。我们只知园主奥尔索尼（Vicino Orsoni）约在 1560 年盖了这座园子，但无法得知建筑及雕刻设计出自何人手笔，更无从理解这带着地方原始宗教色彩的"神圣树林"之用意：园内的石坡上如谜一般到处散布雕刻的岩块、奇异的动物、神祇或灵怪。

## 弗拉斯卡蒂的别墅

像罗马共和时代一样，1620年，图斯库卢姆就连曾是伊特鲁里亚文化遗址的地方也布满别墅。这个新时代最有名的例子有穆蒂（Muti）别墅、蒙德拉戈内（Mondragone）别墅及阿尔多布兰迪尼（Aldobrandini）别墅。

在阿尔多布兰迪尼别墅里（1598—1603），建筑风格的变迁可从阶梯戏剧化的呈现一目了然。别墅前可远眺动人心弦的城市和附近乡野景致，然后进入园内"水之剧场"。由半圆形凹壁组成的半圆形建筑，每个凹入的龛里镶嵌着雕像、喷泉和精致的水戏机关。"水之剧场"修建在一片树林的斜坡上，仿佛置身在田园诗之乡的环抱中。庭园正面朝向宫殿的设计，被17世纪的法国再度沿用。

怀着与歌德和爱芙琳同样的热忱，当时的一位旅人写道："假如您想看看精彩的事物，您得出罗马去弗拉斯卡蒂，即古代的图斯库卢姆城，而美中之美、妙中之妙则数阿尔多布兰迪尼别墅里的'水之剧场'，位于这座巴洛克式花园的中央部分。把别墅后面的小丘切出一面半圆形的大墙，其中有5个凹壁，上面装饰着雕塑，形成了一座表演喷水变化的半圆形剧场。"

洞府（或洞窟）其实远承上古而来：在克里特岛与厄琉西斯（Éleusis），洞窟是神秘莫测的圣灵之地。到了罗马人的住处，洞窟变成了人造的装饰元素，这也是阿尔伯蒂推荐用洞窟布置的原因。蒙田十分喜爱这种混合乡野与幻想的做法，他对美第奇家族在普拉托利诺（Pratolino）别墅里的洞窟描述道："那里不只有水之流转孕育出的音乐与和谐，更有水拍击雕像与门配合出的韵律……不少动物低头饮水……"。下图为佛罗伦萨玻玻里花园中大洞府的一景，由米开朗琪罗雕刻的 4 个奴隶守护着。

## 意大利巴洛克风格的不同面貌

佛罗伦萨的造园发展蓬勃。玻玻里（Boboli）花园及令人赞叹的大洞府（Grotta Grande）均建于此时（1583—1593）。大洞府内须穿过 3 个洞室，才达詹博洛尼亚（Jean de Bologne）创作的维纳斯雕像处。加尔佐尼（Garzoni）别墅巍峨的巴洛克花园，1652年建于"宜人的托斯卡纳郊区"的卢卡附近，以精彩的水梯著称。值得一提的是，威尼斯附近布伦塔河岸有如护城圣物的别墅，建筑与花园的构思都遵循相同的文艺复兴比例理论：花园是建筑物的延伸。

海德堡的宫殿花园（左图），是由萨洛蒙·德·科于1615年为弗里德里希五世而画。整座花园呈现的是，应选为侯爵者所属的土地之象征。园子由莱茵河、美因河与内卡河浇灌。事实上，从罗马上古精神的角度来看，这样的花园意味着某种被控制、被驯化的自然，为大权在握的君王所管辖。这可多亏才气纵横的艺术家了。

## 意大利花园四处流传

16世纪，法、英与比利时的花园十分相近，诸如紫藤架、绿树棚、方形园围或略高于地面的大面积畦田等中世纪的设计，渐由文艺复兴的新式观念取代。这是因为意大利发生战争后，许多意大利造园师纷纷移民散落欧洲各处。1495年率军进占那不勒斯王国的查理八世，无法抵挡当地别墅与花园的魅力。同年，他撤兵回法时，跟随的工匠也把造园观念引入法国，成为日后法式花园的渊源。塞尔索的著作《法国最佳建筑》把当时的观点交代得很清楚。

## 萨洛蒙·德·科

萨洛蒙（Salomon de Caus）是法国胡格诺派教徒，在意大利与欧洲各国之间扮演一个衔接者的角色。他旅行意大利后，1605年受布鲁塞尔大公阿尔培延用。1610年后到英国为皇家效力——建造亨利王子位于里士满（Richmond）及王后在萨默塞特屋（Somerset House）、格林威治的花园，并为塞西尔（Robert Cecil）设计位于哈特

菲尔德屋的花园。1613 年，他在海德堡为嫁给弗里德里希五世的伊丽莎白公主设计了一座"宫廷式花园"。

伊萨克·德·科——大概是萨洛蒙的亲属，对其花园设计了如指掌。1620 年萨洛蒙的设计图出版那年，伊萨克也前往英伦。他整建了威尔郡的威尔顿花园，为文艺复兴晚期留下首屈一指的作品。遵循前人在海德堡呈现的造园原则，这位后辈秉承了坚定一致的信念，从中心观景点出发看花园。

这也是 17 世纪欧洲之荣耀——法国式花园的宗旨。

如何解释在英国、德国或荷兰的花园里，植物和安置植物位置的重要性呢？拿骚（Johann de Nassau）的伊德施泰因（Idstein）城堡花园里收集的植物宝藏，至今仍在老沃尔特（Johann Walther）的手绘图里熠熠发光。上图为城堡中的一个巴洛克式洞窟，下图为一个布满水果形花坛的园子。伊德施泰因城堡花园里充满遐思的花坛遍布开花植物，由此可见，北欧的花园与法、意文艺复兴式如建筑般的绿色畦田间的不同。解释它们之间的异同并不容易，以历史发展连属关系或单从人民的性格为基础的推论，则显简单化了。

**17**世纪的法国为庭园设计带来一场名副其实的革命。历史上每个时代似乎都有一个国家，以其世界观与实践引领风骚：文艺复兴时期的意大利、古典主义的法国。路易十四时期，法国式花园把风景变成既平衡又控制得体的艺术品，是一种把自然完全驯服的表现。

第四章
# 杰作：法国式花园

勒诺特构思的马尔利宫（左图）原为献给路易十四做"退隐"之居用：一个比凡尔赛宫还贵的"隐庐"。右图为位于德国的卡尔斯鲁厄园，最初这地方只是德国边省巴登－杜尔拉赫一位总督的狩猎小屋而已。

## 园艺与建筑的结合

固然，政治社会环境对造园有很大的影响，譬如乱世助长围墙环绕、封闭式的园圃，但是一个时代的建筑风格对花园也有深远影响。这是因为建筑师也经常负责规划其作品周围的环境，就好比阿尔伯蒂在 15 世纪的佛罗伦萨，维尼奥拉在兰特别墅，利戈里奥在伊斯特别墅。他们的设计正好阐释了维特鲁威的美学理论，即美是整体中各部分相融所产生的和谐，"胸中之竹"以同一构想一以贯之。

建筑比园艺重要，这个阿尔伯蒂阐扬的观念，对法国的影响并不亚于意大利。一个总体建筑计划的实现，是团队工作的结果。建筑师负责领导与指挥，他是作品的主脑。菲利贝尔·德洛姆（Philibert Delorme）为亨利二世的情妇普瓦捷（Diane de Poitiers）在阿内（Anet）建造花园时即采用此一原则。此外，美第奇家族对法国庭园也有决定性的影响。

## 刺绣般的花圃

新兴法国式花园的原则在于花圃的处理。花圃依旧用黄杨木做底子，但整个设计则完全依赖平面图和屋舍的安置点而定。花圃被视为建筑的延伸，重点在于让人从高处的正式接待厅欣赏到花坛之美。平面布置讲求规律，每一个部分必须十分平衡。不论是正方、椭圆、螺

凡尔赛宫殿正前的皇家大走道花圃上装饰着灌木或紫杉，它们被修剪成不同图案，一直延伸到阿波罗水池。马尔利（Marly）城堡里的造园景观艺术，在"绿意"建筑方面更臻完美。把耐久的树木修剪成各形各状，意大利以幻想著称，法国则以几何见长，这种装饰花园的方法直接从维吉尔的古罗马得到灵感。通常会把这些树与刺绣花圃结合在一起布置，比如卢森堡公园把玛丽·德·美第奇的缩写字母用这一手法呈现。

佛罗伦萨的美第奇家族，对引介意大利花园到法国的这一功绩不小。早在中世纪与文艺复兴初期交替之时，老科姆（Cosme l'Ancien），以及他的建筑师米开罗佐（Michelozzo Michelozzi）已享有盛誉。左图为法王亨利二世的王后卡特琳置身于杜伊勒利花园里，就是她促使此一花园筚建的，同时她也为枫丹白露宫做了不少修整工作。另外，法王亨利四世的王后玛丽因思念意大利家乡的皮蒂宫殿与佛罗伦萨的玻姆里花园，于是交予萨洛蒙·德·布罗斯（Salomon de Brosse）建造卢森堡宫殿与花园。

旋还是圆形，必定考虑整体的设计。在这种情况下，变奏——不管是添加或减省，都是不允许的。像英国"编织花园"的交织图案设计，或意大利花园的诸多植物品

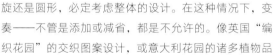

种的收集，都一概禁止。在法国各处，取而代之的是古典的平衡、严格的统一性。1701年出版的《园景论》(le Théâtre d'agriculture)，作者德·塞尔 (Olivier de Serres) 是第一个为此著书立说的人。

拉尔梅森 (Nicolas de L'Armessin) 描绘的《蔬果园丁》与《卖花女》反映了"太阳王"摄政下宫廷的习气与轻浮，正好和路易十四君王的严谨几何风格成对比（下图与右下图）。

## 法国"王室造园师"的时代：
### 出现与影响

德·塞尔的书中曾提及国王的园丁克洛德·摩勒 (Claude Mollet) 所造之花圃。到目前所知最早的刺绣花圃，是由阿内城堡的建筑师佩拉克 (Étienne du Pérac) 为城堡女主人之孙奥马勒 (Aumale) 公爵所设计。而把设计付诸实现的园丁，则是克洛德之父雅克 (Jacques)。建筑师与园艺师傅之间的象征关系，成为日后造园史的一大特色，在克洛德·摩勒的遗著《植物与园艺之剧场》(le Théâtre des Plants et Jardinages) 中可见一斑。摩勒在父亲与佩拉克的命令下工作，他谨守前人革新的原则，把花园视为"一块完整单一且内有干道分隔的土地"。如此，统一性不再只是一个高邈的理想。不过，摩勒的著作仅停留在实践层面，设计仍旧是属于建筑师的特权。接下来以克洛德之子，著名的安德烈·摩勒 (André Mollet) 为

代食。他先在英国与荷兰工作，1644 年被路易十三命名为"王室首席造园师"。

## 伟大的勒诺特

另一位像摩勒家一样杰出的园丁是勒诺特家族（Le Nôtre）。他们为皇后卡特琳·德·美第奇重造杜伊勒利花园（Tuileries）。家族中第一个出类拔萃的是皮埃尔（Pierre，活跃于 1570—1610 年）。他负责照顾皇宫附近花圃和大部分的花架。其子名让（Jean，逝于 1655 年），秉承父业，被特准于花园旁定居，养育子女。女儿成年，则嫁给其他的园艺师傅。

让的儿子安德烈，才干、作品、名声均不愧为此中豪杰，至今仍是世界史上"园丁"中的翘楚。安德烈年轻时即对绘画感兴趣。他与勒布伦（Le Brun）同时拜武埃（Simon Vouet）为师习画。在他被任命接管以前其父在杜伊勒利花园的职位不久，他认识了建筑师芒萨尔（François Mansart），后者十分欣赏他的才华，与他订下了不少合作计划。

从孔夫朗城堡（Conflans，上图）可看到新式花园的主要元素，直接从文艺复兴的原则承传下来：水、石雕和雕像，大道小径的规则边线，刺绣般的花圃……全部都在透视法控制之下。

## 一部杰作的伟大与不幸

　　沃勒维孔特府邸（Vaux-le-Vicomte）是出自勒诺特之手最宏伟的一座花园，也是熔建筑师勒沃（Le Vau）与画家勒布伦之才华于一炉的杰作。花园的主人富凯（Nicolas Fouquet）是路易十四的财政大臣，品位不俗，他把当时顶尖的三位大家聚集在一起，造就出当时无与伦比的大手笔。1661 年 8 月 17 日，竣工之日冠盖云集，客人与作品的光芒相映成趣。作家拉封丹（La Fontaine）也应邀在场，据他描写的欢宴气氛，花园里与城堡中一样热闹。如此盛大的排场怎会有什么好下场呢？三个星期后，即 9 月 5 日，年轻的路易十四下令收押富凯，富凯后来死于狱中。大臣"狂妄"的虚荣心终于招致君王的嫉妒和猜疑。尽管沃勒维孔特府邸成了挑战君王权威的象征，它却也是伟大世纪之荣耀凡尔赛宫的范本。

　　勒诺特把沃勒维孔特府邸和凡尔赛宫创造成欢庆之所，王公贵族的巨大舞台。而这些王公贵族不也正是让花园中平台走道生气蓬勃和高雅的装饰人物吗？

## 沃勒维孔特府邸：当"园丁"之见胜于建筑师

勒诺特建造沃勒维孔特府邸的基本元素是什么？显然是整体统一的讲求。因此，城堡既无控制也没有压倒花园之势，而是属于整体组合的一部分。如果我们产生广大无比的错觉，那也是花园而非城堡使然。花园的中轴线从城堡出发，把人们的视线引导至透视平面，平面在希腊神话大力士赫拉克勒斯巨大雕像的脚下铺展，他的身后则是无垠天地。浩瀚的大运河与中轴成直角，虽不能从城堡里看到，却能在散步当中渐渐发现，发现时所产生的惊艳感受绝不亚于发现其旁大瀑布时的震撼。此外，还有个喷泉喷洒圆拱般的水景，正好与城堡的圆顶相呼应。水面如镜，反映天空和阳光无穷的变化，而雕像与喷泉给这壮丽的整体增添了英雄气势。法国 17 世纪的精髓，即在于这种自然与艺术间的平衡成为人对自然控制的极致。

沃勒维孔特府邸的中轴线从城堡拱顶出发，穿过花纹盘结的花圃，将它一分为二，引导至中央喷泉，在这之后是第一条垂直的运河。再远些，两边素净的花圃上各有一椭圆形的水池，中轴线抵达一个方形大水池。从这之后是上坡。勒诺特设计了大而低的台阶，还有一座墙、细窄的水道以及垂直的、延伸至视野尽头的大运河。比运河更远的地方，还有斜坡、喷泉与洞窟。第三道横向轴线在大瀑布前，由平台下方的步道可得知。次要的轴线与主轴成直角交接，把主轴的对称性打破，分别朝向东西两边。第一道切线分3段下降，落到水池与王冠喷泉形成的水之花园（左图）；第二道切线穿越刺绣花圃，往右通往菜圃，往左则通往水闸。

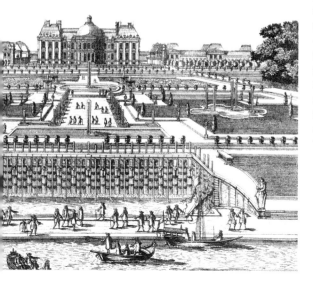

## 凡尔赛：一曲路易十四的颂歌

不难理解为何当时的年轻国王被沃勒维孔特府邸迷住了，昏了头一个劲儿地把他父亲打猎用的小屋，改成一个象征飞黄腾达的宫殿。他使凡尔赛变成法国的新首都、政府与宫廷的所在地。他把被圣西蒙（Saint-Simon）公爵描写成"最悲伤也最荒芜，既无透视效果也无流水树林"的地方，变成一个全欧洲模仿的榜样，证明他绝对的权力。尽管接替富凯的财政大臣科尔贝（Colbert）意识到建筑所费甚巨，提出警告，但路易十四仍一意孤行。他为了让这个浩大工程圆满完成，也召来了富凯延请过的3位大师。他甚至从沃勒维孔特府邸运来上千株树苗、所有的橙树及数不清的雕塑。

勒布伦于1655—1683年间负责花园里全部的雕塑，但花园的"整体大设计"则应归功于勒诺特。在可能的范围内，他尽量尊重土地的自然面貌，不然就大刀阔斧地调整景观。他把花园与大运河间达30多米水准差的空间变成连续好几层的平台，并且挖整地面以创造围绕拉道纳（Latone）喷泉的一片半圆形剧场。此外，植物修剪成的"建筑物"则用来装饰大道、小径、篱笆与绿意小天地。国王对勒诺特极为赏识，

国王如此热爱他的花园，到了写下"展现花园之法"的地步。他自己决定著名的散步途径，真是道道地地的每日仪式，也用私人的时间来享受花园之美（上图）。

62 岁时甚至还坐着"轮椅"亲自领着园艺师傅做最后一次游园，当时的勒诺特已经 88 岁高龄，国王赐予他坐轿子的特权。

## 太阳之王，四方之主

　　太阳被选为国王的象征，成为勒诺特进行花园设计图像的主题。地面装饰图案的主轴皆根据东南西北四方为准。延伸至视线所不及之处的透视法，从大走廊一直拉到日落的西方。高篱围成的绿意小天地里所有的装饰，以及公园里所有建筑与雕塑的元素都与太阳神阿波罗有关；妹妹狄安娜则因狩猎女神的身份，为嗜好打猎的波旁家族提供了神话典故。基于对阿波罗的这种前所未闻的崇拜，发展出形形色色关于光阴流逝的主题：一日之时、一年 12 月、四季及人一生的 7 个阶段。

　　勒诺特把花园的大轴线设计为与四方重叠："消逝点位于无尽远方"的大透视平面，正对着宫殿内的大走廊向西延展；朝南面向夏日炎阳，朝南的轴线贯穿橙园（下图）；往萨托里（Satory）高地的方向，原来计划的浩大瀑布未造。

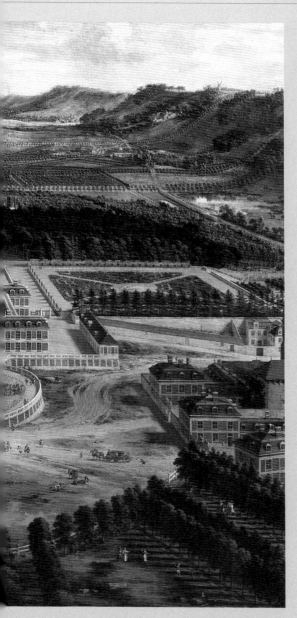

凡尔赛见证了路易十四加诸巴黎近郊风景上极度的胜利光辉，由勒诺特的天才表达得淋漓尽致。如果不理会花园或公园辟建的社会背景，国王的个性与固执，以及那个时代对景观的看法……会使得凡尔赛完全难以解读，每个部分都对应到一项复杂的图像计划：凡尔赛是法国 17 世纪的缩影，王政至上的权力，主导政治、社会与艺术生活。1648—1658 年间反专制制度的政治运动（La Fronde）使年轻的国王蒙羞，因而对巴黎心生倦意，也预示了他对贵族的反感。富凯的沃勒维孔特府邸落成之时他年仅 23 岁，于是他断然选定凡尔赛这块仍显荒僻的地方。套用圣西蒙刻薄的话，国王对大自然"施行暴政"，就是为了对他的地盘、他的宫廷，甚至扩展到对全王国，表现他的控制威权；仍旧引圣西蒙的话，凡尔赛其实是一个让朝臣欢愉，同时管束朝臣的"政治旋转木马"。

## 园艺胜建筑一筹

　　17 世纪，园艺种植可以说变成
了类似贫瘠的法国式花园。水利的发
展扩大了造景中建筑的领域，花园建
筑占主导地位，园艺被压在下面。尽
管法国式花园用黄杨木作花圃，但充
满排树夹道的小径与笔直修剪的树和
灌木，却没有拒绝栽培花卉。例如，
不管有多少工作等着勒诺特本人监
督，也不管他离巴黎有多远，即使冬
天，他也要按合约保证杜伊勒利花园
繁花似锦。

## 凡尔赛的蔬果园与巴黎的国王花园

　　路易十四热衷于所有与庭园相关
的事物。凡尔赛就像一个天堂，一个
传递富饶大自然回声的伊甸园。1670
年，路易十四任命拉坎蒂尼（Jean-
Baptiste de La Quintinie）为"蔬果园
维护总管"，实现他的"王室蔬果园"
构想。拉坎蒂尼精通法律与植物学，
也是作家。建造这园子既要设计地面
也要栽种植物，共耗时 5 年。国王对
园里蔬果栽培之重视与要求之完美，
不亚于宫殿里摆设的"艺术作品"。

　　路易十四也精于收集奇花异卉，
大大地丰富了国王花园——即未来
的皇家植物园。此园由路易十三的

拉坎蒂尼描绘的王室蔬果园（上
图），此为理智的一面。享乐的一面
则如图所绘，此为勒诺特珍爱的尚蒂
伊城堡，主人在迷宫里会见宫人。

御医布罗斯（Gui de La Brosse）建于 1626 年。这位御医为在巴黎栽种从美洲与远东带回来的植物，自掏腰包赞助采集任务。新品种丰富多样的未来正在酝酿中。

路易十四与勒诺特的凡尔赛梦想得以实现，必须依赖充沛的水源。在一些耗资庞大的计划失败后，人们在塞纳河上布吉瓦尔（Bougival）一地建造了一个巨大无比的抽水机，如上图所绘的《马尔利的机器与引水道》。河水从抽水站引导，经马尔利渡水大桥一直到凡尔赛，供应 1400 处喷泉。尽管如此，人们仍无法确定随时都有足够压力送水上来。因此，凡尔赛掌管喷泉的总管德尼（Claude Denis）心中有数：只有在王室巡礼的特定时段才让喷泉活动。

## 凡尔赛的影响

凡尔赛太大、太复杂，象征性也太强，但一点也不影响它的宫殿成为法国式花园的代表。欧洲，甚至欧洲之外的王

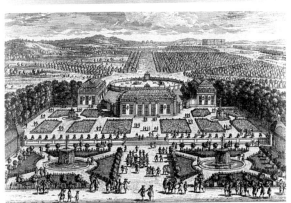

公贵族，无不想要拥有自己的凡尔赛宫。这些繁多的诠释都是一种改编，经常以另一种尺度建造。他们的目的较偏向争妍斗艳，而非仿效。这些花园通常会考虑土地的自然个性、一国或雇主的精神。

在英国，布伦海姆宫（Le Blenheim de Vanbrugh）辟建于1705年，充满"太阳王"的创造精神。沙皇彼得大帝停留

乾隆皇帝把原来的皇家花园圆明园（左上图）扩大美化。热爱园艺的乾隆，在观赏耶稣会传教士郎世宁画的欧洲花园之后即爱不释手，他甚至在1747年，为在北京的法籍与意大利籍耶稣会教士定做法国式花园——一个小凡尔赛宫。相反，在欧洲则掀起"中国风"。1669年凡尔赛风格的"瓷制"特里亚农宫（左下图），覆盖着代尔夫特（Delft）蓝陶与白瓷，即昙花一现的见证。

法国期间，多住在凡尔赛的特里亚农宫，对勒诺特的"雄心"十分折服。他任用法国人勒布隆（Le Blond）为新首都圣彼得堡的"总建筑师"。可惜勒布隆3年后遽然而逝，只来得及设计彼得宫花园。这个小凡尔赛宫也模仿凡尔赛大运河的设计，用运河及一连串瀑布与波罗的海相连，并装饰壮丽的喷水池。凡尔赛风格的其他建筑还有西班牙的拉格朗哈（La Granja），是由腓力五世所建的水渠、喷泉，称为魔术般的水之花园。此外，他也在那不勒斯附近的卡塞塔城给王子建造花园。勒诺特式光彩灿烂的步道也给美洲带来灵感。昂方（Pierre L'Enfant）在新大陆的蛮荒自然中，雕琢出的新都华盛顿可以为证。

凡尔赛风格风靡整个欧洲：俄国的彼得宫成了大彼得沙皇的"波罗的海的凡尔赛宫"（下图）。德国与奥地利也有相同的风潮：最大的是维也纳的美泉宫。还有坐落在慕尼黑的壮阔的宁芬堡与施里斯海姆花园，以及充当伏尔泰《老实人》背景的施韦青根花园。

## 类似的风格与园艺师傅

尽管时而混合了法国式或地区性的特色，意大利的传统花园，直到18世纪对英国、荷兰还很有影响。荷兰在北欧特别是英国的影响力颇大，以其在园艺

法上的精进著称。伊拉斯谟在 1522 年的著作《神之飨宴》（*Festin des Dieux*）中写道："荷兰式花园的基督教象征，取代了异教不虔诚的成分。"德·弗里斯（*Hans Vredeman de Vries*）在其花园图案著作中对矫饰花园着墨甚多；他在为皇帝鲁道夫二世（Rodolphe Ⅱ）设计的位于布拉格的花园里，也有许多矫饰主义倾向。他的贡献主要在种植异国花卉的"镂空式花圃"[（*parterres à pièces coupées*）每个图案即成一座花坛]，正好与荷兰人爱好进口新奇稀有的花卉不谋而合。

《花园图案全集》（*L'Hortorum Viridariorumque*）（左图）是德·弗里斯所著，全书收集"根据建筑原则需要……美丽而充满各种形状"的几何花园图案，左图即为科林多式花园，其花圃可以种植花卉，特别是郁金香。

## 美丽花园之父

　　第一位将园艺科学化的学者是佛兰德斯人埃克吕斯（Charles de l'Écluse），又名克鲁西乌斯（Carolus Clusius）。他是植物学家、医生及人文主义者。他在 1587 年主持创建莱顿大学的植物园。在他的指导下，花园开始不同于药草园，而倾向装饰性植物发展，植物是他从南欧及亚洲引进的。他种植中东的球状、块根花卉——风信子、鸢尾花、百合、贝母、葛兰、向日葵，特别是郁金香。他改变了北欧花园的面貌，与法国式花园形成基本的对比：花儿入侵到"刺绣式花圃"了。荷兰人不只在知识上领

荷兰罗宫（Het Loo）的王宫与花园，也是狩猎行宫。是由马罗（Daniel Marot）在1686—1695年间为奥朗热（Guillaume d'Orange）设计的。今日多亏了逼真的重建，使我们仍能欣赏到这座文艺复兴与巴洛克风格混合的产物，规划采取荷兰式，而装饰则采用法国式（上图与下图）。此外，花圃的设计带有矫饰风格，一如德·弗里斯的风格（左页上图）。

……尤，在商业上亦然。他们在郁金香交易上独占世界市场，……至此郁金香身价百倍。然而荷兰人在"郁金香狂"事件……中表现出非比寻常的疯狂，郁金香容易获利也易亏本，……尤其是在1634年的市场崩溃事件发生之后。

**18** 世纪的花园回到古希腊式的田园诗风景和罗马式的风景，回到神话。哲学与绘画的光明照亮了花园的领域。贯穿欧洲，哲学家与诗人、贵族与政客都对花园十分着迷。但是，在英国出现了一种通过绘画重新发现自然的风格，此即"风景画花园"。

第五章

# "种画"：英国式花园

"风景画花园"如左图，1780 年辟建于意大利卡塞塔（Caserte），是那不勒斯王后的拉瑞吉亚宫（La Reggia）。与它处于同一时期的王后的姊妹玛丽·安托瓦内特（Marie Antoinette）在凡尔赛的"小村庄"（右图），证明了英国式花园在欧洲的影响力，不输给上一世纪的法国式花园。

## "风景画花园"的开端

自 18 世纪初开始，人们对法国式花园的热情渐渐冷却，开始探寻新的花园艺术。风景画花园的主要灵感来自画家笔下的罗马式田园风景，如洛兰（Claude Lorrain）、普桑（Poussin）或表现较为戏剧性的罗萨（Salvator Rosa）所传达的。

在造园的实践上，英国人对自然的爱恋是决定性因素。英国贵族原本时兴的在森林里猎鹿的活动已无人问津，人们此时偏爱在草原或矮林的猎狐活动，这种对田野的新发现有助于新造园观念。但直到肯特（William Kent）的"种画"开始，"风景"（landscape）在以前仅意味着登高望远的广阔美景，而非感发自古代神话或哲学观念的诗意想法。这一运动的主将在文学上崭露头角的有沙夫茨伯里伯爵、大评论家兼政界人物艾迪生及诗人蒲柏，他们都嘲讽法国式花园的矫揉造作。1715 年，斯威特则撰写启

"当我们种植的时候，大自然画油画；工作的时候，大自然则画素描。"有"场所精神"的诗人蒲柏建议以大自然为师。左上图是肯特为蒲柏在特威克纳姆花园所做的设计。这样的精神正与规则式花园风格相对——左图的汉普顿皇家花园，一面对"风景如画"风格，这种花园就变成了"老古董"。

迪性的实践手册《花园的再生》，3 年后再版，改名为《乡野肖像》，极为成功。于是斯威特则与兰利成了"新风格"的理论家，然后，由肯特与布朗（Lancelot Brown）将理论付诸实践。最初的景观设计师如布里奇曼与肯特，都与文学圈过从甚密。沃波尔影响颇大，他写道："诗、画和花园艺术……可看作三姊妹，或者，如同新的美惠三女神（Grâces），她们装扮并彩饰自然。"

## 新的不规则形："破除围墙"

布里奇曼（Charles Bridgeman）是第一位实行新的造园观

若无社会经济的变动与进展，单凭文学运动是不足以推动造园革命的。英国国会立法划出公共土地的界线，使划归公园的土地面积大增。同时，交通工具的改善使人们可到国内各处走动，带动了乡间居家形态的转变。当时英国的进步事业如经济，都掌握在辉格党（亦称民主党）人的手里，他们深信农业才是英国人经济生活的关键。此外，风景画花园虽说起源于绘画，但是它与意大利的剧场也有深厚的关联：透视法与鹅掌状放射形道路很多是以舞台场景为原型的。例如，伦敦附近的奇西克令人想起维琴察帕拉第奥的奥林匹克剧院（Teatro Olimpico de Palladio）。绘画对 18 世纪英国造园艺术的影响，与维特鲁威和文艺复兴的意大利对英国造园的影响一样深远。

念的人。他反对法国式如照镜子般严谨的对称图案，也反对私人或公共的文艺复兴式的封闭式花园。虽然布里奇曼在担任乔治二世的皇家造园师期间作风保守，但他建的 30 多座私人花园——布伦海姆宫、克莱蒙特花园、罗夏姆花园（Rousham House）及斯道园（Stowe）等——却是当时新风格的典范。沃波尔曾赞许布里奇曼的"许多超然的想法"，并且认为布里奇曼使用"哈-哈"（Ha-Ha）是"迈向未来的一大步，一个重要的笔触"。"哈-哈"是法国 17 世纪的造园原则。一个宽广的、没有水的沟渠，宽度"近似狼跳一步的距离"（Saut-de-loup），其作用在于缩减并同时遮掩花园的范围，这是新园艺中的自由之钥。

## 斯道园：时代的见证

位于白金汉郡（Buckinghamshire）的斯道园，是当时欧洲最重要的风景画花园之一。18 世纪，坦普尔（Temple）家族连续四代均延请"风景如画"花园风格的最伟大的创造者，为他们扩大整建。这座花园清楚无比地呈现风景画花园风格的发展阶段与时代品位的转变。理查·坦普尔（Richard Temple）即第一位科巴姆（Cobham）子爵，1697 年继承这土地。不久，他与一位家财万贯的女子结婚，开始改造这方土地。这位地主不仅经营他的土地，同时也是新产品鉴赏力的艺术赞助人。

科巴姆爵士坐着听取斯道园的第一任建筑师布里奇曼介绍他的作品：左边是圆形殿（Rotonde），右边是面向风景的王后剧场。斯道园是英国最著名的游览花园，在 18 世纪曾经过"风景如画"花园风格的三巨头——布里奇曼、肯特和"可为"布朗的改头换面。

他的政治参与给了风景图像
灵感，最重要的是促成许多神
殿建筑的建造。为坦普尔家族建造
殿宇的动机，一方面是以自己家族为
傲，另一方面是出于幽默感。他请布里
奇曼与其友人范布勒（Vanbrugh）——同
是创造布伦海姆宫与霍华德城堡（Castle
Howard）的建筑师，设计花园风景。他们利
用土地原有的不便与不规则特性，臻至伟大的作品。

"哈-哈"的设计"可
让人拆除围墙，欣见一
整片大自然都变作花园"
（沃波尔语）。

## "风景如画"的胜利

　　肯特约在 1735 年来到斯道园。肯特早年曾学习马车的彩绘，后来学习油画，他同时也是建筑师，后来才转向花园设计。在他学习的过程中，最重要的是他陪伴伯林顿爵士的意大利之旅。在意大利的 10 年，他受到当地剧场花园的强烈影响。

　　回英国后，他改造查茨沃思庄园的倚山斜坡，复制了

一个蒂沃利的西比尔神殿，下方是一片受阿尔多布兰迪尼别墅启发的瀑布。

　　肯特所受的教育让他秉持一如他的诗人朋友蒲柏所表达的"造园的艺术即风景画"的观念。肯特的园艺知识与经验一无可取——他顶多不至于误认橡树为柳树——但他的视觉感则是不同凡响的。他把花园的设计从文艺复兴末期的形式主义最后痕迹及荷兰的影响中解放出来。

　　1738 年，肯特在牛津郡罗夏姆花园为多默将军建造的花园，比斯道园更能表现他的绘画天才。在此，他完全跟随艾迪生的原则，把主人的地产变成"某种样子的花园"，他也采用蒲柏"借"四周之景的原则。

　　约 1735 年，建筑师肯特在斯道园，把一个小河谷地变成"香榭丽舍"，并且为他的辉格党赞助人的花园配置上一系列富于寓意及爱国情操的园中建筑物（或制

作物）。其中有古老美德之殿及英国伟人祠（左图）。他自由自在地工作着，既不必担心水平线也不用管线条规则。

## 临时串演景观师的地主们

辉格派的地主像斯道园的主人科巴姆一样，都相信自然之美与土地的整饬修饰可并存无碍。霍华德城堡的园子比布伦海姆宫与斯道园都大，套用沃波尔的说法，这个园子提供了展现乡村光彩的得天独厚的场景。园子主人卡莱尔（Carlisle）的第三世伯爵，是一

在斯托海德（Stourhead，下图）花园，因为尺寸剧缩而产生强烈的统一感。这是霍尔（Hoare）银行家族两位成员的业余作品，他们把"风景如画"花园风格的理想臻至完美，也是一个受维吉尔影响的 18 世纪主题花园，由洛兰所绘。

个业余园艺爱好者。他构想庭园的灵感，从英雄式诗句中汲取的多于视觉艺术。园里把此种园林布局（Wray Wood）变为浑然天成的迷宫，并且放弃了以往为平台大步道所做的硬直线系统，这些革新都非常重要。霍华德城堡卓越的庭园建筑中，由范布勒设计的四风宇及霍克斯莫尔（Hawksmoor）建的陵墓（le Mausolée），是园中风景令人特别留恋之处。关于霍华德城堡，沃波尔曾写道："我出乎意料地发现，这些宫殿、城市、城堡、高台上的庙宇直比古代凯尔特都城的树林，是世界上最高贵的、一路铺往天涯的草坪，以及一个即使被活埋在那里也无憾的陵寝。"

## "可为"（Capability）布朗：场所精神

"可为"布朗（Lancelot Brown）在 1741 年受科巴姆爵士赏识，延请他担任当时已是全英国最有名的斯道园的造园师。此时，老一辈的肯特仍健在，继续为斯道园的建筑物绘制设计图，但建造维纳斯神庙、岩洞与散步桥则由布朗一手包办。

很快地，这位年轻园艺师傅即为科巴姆爵士的辉格党友人服务。从 1750 年到去世，布朗是同时代造园师中的翘楚。这个时期的房地产发展蓬勃，创造英国式人造风景最内行的，除布朗外别无他人。延请的人多到使他分身乏术，毫不夸张地讲，他用来拒绝

对后世而言，很不幸地，这个脸色红润、坦率而实际的"可为"布朗把英国文艺复兴遗产面不改色地消弭殆尽。下图，伊丽莎白式花园的朗利特（Longleat）别墅即为他手下的"受害者"。

爱尔兰人邀请的借口竟是：在英格兰的工作还未做完！

　　这位景观师看事情、决定虚实的调配、画龙点睛之处的态度，全然表露在他对一地变成风景画花园的"可为"之肯定上。布朗的手法在于去除墙与篱，让近景与远景一气呵成，与当时欧洲人对大自然所持有的一种新的、略带

"可为"布朗这个称号的来源，是由于他在面对雇主的土地时，总是习惯强调发掘土地运用之最大可能性。他的天才实与18世纪的勒诺特不相上下。

宗教情怀的品位不谋而合。

　　布朗体会到英国人着迷于风景中的水，尽管他曾以"令人作呕的艺术炫耀"诋毁肯特，说他把水这个自然元素弄死板了，但在布伦海姆宫与朗利特，仍可明显地看到布朗对造湖的热爱。他运用树林的手法也很高明，把树一丛丛地布置在不远不近处，看起来浑然天成不露斧凿痕迹实是至高的艺术。

## 雷普顿与全部的风景

尽管庭园在英国的影响力像在法国一样大，但未至法国独尊一个王朝的地步。布朗的精神接班人雷普顿（Humphry Repton），在一段曲折的历程后成为当时顶尖的景观师。比起肯特与布朗一生业绩未留只字半语，雷普顿却留有著名的《红书》（Red Books）及其他四部著作，其中包括布朗作品清单。

上苍赐予雷普顿感受一地风景的灵气，即著名的场所精神禀赋。在他之前无人把住屋、环境与雇主要求一并通盘考虑。

当工业革命曙光初现，原来的地主阶级即将被新兴阶级取代，英国乡村的面貌正面临改变，雷普顿也是最懂得明哲保身之道的人。

## 田园诗庭园

申斯通（William Shenstone）是诗人兼造园理论家，对风景画花园的影响甚巨，他在李骚斯（The Leasowes）创造的庭园虽小，却十分受欢迎。他撰写的《庭园偶掇》（Unconnected

雷普顿原是个倒霉的生意人，为了躲避债主追讨，他隐居乡下的一处小田产，并开始学习农业生产，同时研读植物学与造园方面的书。他因破产而一筹莫展，终于在一个失眠的晚上，他立志成为景观规划师，填补了布朗去世后的空白。他的快速成功不单是在于才能，也在于他新奇的表现方式刚好对顾客胃口。他的名作《红书》，是一本红色皮面的精装书。上图是雷普顿的名片。

雷普顿《红书》里的水彩画，有可以翻开或遮盖的册页，方便比较某个计划在"之前"和"之后"的样子（左图，中图）。

法国 18 世纪末画的"英中式"花园，从英国式"风景如画"式的花园产生，但是却大相径庭：法国方面的版本宣告了即将来临的大革命、浪漫主义、象征主义，甚至超现实主义（下图为巴黎蒙梭公园的局部）。

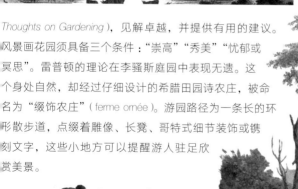

*Thoughts on Gardening*），见解卓越，并提供有用的建议。风景画花园须具备三个条件："崇高""秀美""忧郁或冥思"。雷普顿的理论在李骚斯庭园中表现无遗。这个身处自然，却经过仔细设计的希腊田园诗农庄，被命名为"缀饰农庄"（ferme ornée）。游园路径为一条长的环形散步道，点缀着雕像、长凳、哥特式细节装饰或镌刻文字，这些小地方可以提醒游人驻足欣赏美景。

在法国，绘画方面的影响来自罗贝尔（Hubert Robert），他被称作"遗迹写生画家"。他为梅雷维尔市（Méréville）的巨大公园所做的"画"与"建筑物"（les fabriques），可说是调整画面和谐工作上的壮举。事实上，他对自然的控制和勒诺特十分相近，都远比英国的景观师有力得多。

## 英国以外的风景画花园

在法国，哲学家兼作家卢梭认为，人类社会存在腐败气息，与大自然的纯洁背道而驰。在德国，席勒与歌德阐扬新兴的浪漫主义运动，至于英国人想象的风景，他们自然而然地接受了。

吉拉尔丹（Girardin）侯爵在经历了多年军旅生涯与数次旅游后，在巴黎附近的埃默农维尔（Ermenonville）为他的领地改头换面。当他在英国旅行时，被李骚斯深深迷住

了，因此他在建造自己的庭园时，便依样画葫芦，后来这座园子成了法国最美的风景画花园。园中也有环形步道、许多古迹建筑与镌刻文字，并注意到适时变化的必要。园中引人注目的焦点莫过于罗贝尔设计的卢梭之墓，它见证了一个常喜欢把陵墓、衣冠冢放在花园里做装饰的时代。

## 莱兹荒漠园

巴黎西郊，较小却同样享有盛名、由蒙维尔男爵（Monville）所建的著名庭园，取名莱兹荒漠园（Le Désert de Retz）。这个既神秘又戏剧性的庭园构思，很难不受共济会背景的影响。园中有羊肠幽径，也有惊人的点缀性建筑物，如断壁残垣及陵墓等，共 17 处胜景，其中一处洞窟布满手持火炬、比实际动物外形略大的雕像。此外，中国屋算是荒漠园里最为精致的点缀建筑物。他的灵感和尚特卢（Chanteloup）花园的宝塔一样，是从英国得来的。这要归功于建筑师钱伯斯（William Chambers），他也是伦敦附近邱园植物园的设计师，开启了这股异国"园中装置"（folies）的时尚，首先在英国流行，后又征服欧洲大陆。

吉拉尔丹是当时的杰出人物。他有深厚的古典文化基础，以及当代文学和思想涵养。埃默农维尔市的花园里充满抽象的象征。尤其是哲学之殿，是献给"全给他说尽了"（qui omnia dixit）的蒙田的，故意不竣工以提醒人们哲学之无涯。又如纪念卢梭的柱廊（下图），吉拉尔丹很敬仰卢梭并曾经营救过他。驰梦坛与青草地以纪念这位在此度过生命最后 6 周的哲学家，而岛上的白杨木则守护着其安息之处。

工业革命敲响了"风景如画"景观设计的丧钟，然而，这种风景布置还在草创阶段而已；代之而起的是折中主义的 19 世纪——充满各种不同风格，并以新植物品种与技巧进展见称。在 20 世纪末的今天，社会的进步使人人皆能享受庭园乐趣，园艺进一步与环保和自然遗产维护息息相关。

## 第六章
# 从折中主义到现代主义

两种象征：一种是 19 世纪的公共散步走道（左图），帕克斯顿 1850 年为伦敦世界博览会设计的水晶宫；另一种是 1992 年在巴黎开放的现代化的安德烈–雪铁龙公园中温室一角（右图）。

## 花卉花园的复兴：劳登与"花园派"风格

　　雷普顿的作品标志了 18 世纪在理想与新世纪偏好之间的转折。转变很明显，同时伴随着时尚变迁。雷普顿的做法总能符合雇主要求，但并不因此失去自己的标准。他淡化原有风格，甚至重新把喷水池引入庭园中。在上一个时代，喷泉被认为做作，成为众矢之的。若说在雷普顿的花园中主要的风景仍带有布朗式韵味，那么房屋周围则焕然一新，风景与居住重心间不再以草坪连成一气，而交织以平台、栏杆、移植花朵栽种的花园。雷普顿在 1803 年写道："在适当范围内，我们可以接受规则的、人造的花园。"

　　1818 年雷普顿逝世后，造园界最有影响力的人是劳登（ Claudius Loudon ），他知识渊博，精力旺盛，是一部活的百科全书。劳登在园艺、庭园史、建筑与农业方面的著作近 6000

雷普顿在 1816 年创作的乡间小舍的画，选自他的名著《红书》。前两个世纪花卉与色彩几乎在花园里消失，而雷普顿轻描淡写地鼓励人们回到彩色的花园，竟然直接带动了维多利亚时代大规模超乎想象的斑斓色彩，甚至到了夸张的地步。

万字，还撰写了第一部《园艺百科全书》
（*Encyclopédie du jardinage*）。劳登年轻时偏
爱风景如画的不规则形庭园，但在旅欧期
间研究历史著名庭园后，转而喜爱规则而
有古代气息的园子。古代风格的影响，加
速他回归法国式花园。劳登 1826 年出版
了颇受欢迎的《庭园杂志》（*The Gardener's Magazine*）。其中他曾为自己的"花园派"
风格辩护。这种园艺或更确切地说是"栽种"
观念，基于让每一株植物都具有最理想的
价值。劳登鼓励有秩序地从基本原则出发、
变化。他的杂志即标准的维多利亚式，为
提高自身素养、重德行又重教育之范本。

劳登创办园艺
刊物《庭园杂志》的
目的，是为了提高园
艺爱好者的"智慧与
特性"。他还派遣驻
外通讯员，以便掌握
最新信息。杂志里有
谈新品种的，有给予
建议及提供栽种形式
的……还特别提供了
中型花园的描述。左
图是布鲁克（E. Adveno
Brooke）的《英国的花
园》（*Gardens of Eng-
land*）一书的封面。

## 泛滥与异国情调：
## 博物馆时代

　　布鲁克的《英国的花园》在 1856—1857 年出版。这些从书中摘录出来的插图，证明了维多利亚时代的花园再度出现装饰过剩的流弊。造园建筑师因而陷入挖掘过去宝藏的竞争，他们尤其重视意大利文艺复兴，不同历史时代的特色同时出现在一起，更容易流于形式过度，滑稽可笑。而且，自 1840 年以来，异国花卉进口大增，人们常常为广大的花圃更换植物，因此需要不断移植新的花卉。这种泛滥导致在一个尚未找到贴切风格的社会中，花园呈现色彩和形式牛头不对马嘴的现象。置身植物繁生的风潮，那些收藏家的偏执产生了荟郁的花园。如下页左下图，第四任哈林顿（Harrington）侯爵在埃尔瓦斯顿（Elvaston）城堡搜集了上千棵针叶植物，为的是把树木塑造成各种形状的园中装饰。

## 邮购庭园与异国植物

移植花卉时不乏异国情调，甚至过犹不及。此时出现一种邮购公司，供应布置花坛上各种花样的庭园组合包，包里的花"即刻可以种植"。这个欣欣向荣的行业不仅出售已适应欧洲环境的植物，也提供栽种知识技巧。结果可以想象，植物再度繁盛畅销，带动植物学进展，同时也造成在一个"鉴赏力"消失殆尽的社会里，花园中颜色与形貌的混乱。

新植物的进口简直席卷了整个英国造园界。从18世纪末起，搜寻植物品种从业余性质转变成内行植物学家的禁脔，他们到特定的目的地寻找新品种，搜集品种的目标非常清晰。接着又有传教士和探险者加入，他们派人到世界各地搜集品种，经营苗圃变成前景蓬勃的行业。1804年成立的园艺学会及1759年扩建的皇家植物园邱园，也不落人后地派遣植物搜寻人员出征，并在下一世纪方兴未艾。

1830年巴丁(E.B.Budding)取得了割草机的发明专利，这个革命性的发明与种子的销售同时蓬勃发展。两者是促进园艺民主化的大功臣：从此，即使是妇女，大家都能享受完美无瑕的草坪了。

## 新发明，新演进

1845年，玻璃税的取消使英国中产阶级有能力在住宅之外加盖温室。同样地，小地主阶级也跟着建造相当于昔日栽培柑橘的暖房。但这种现代温室不单为居家赏花之乐，也为了让异国花卉适应生长，并增加将来

移植的存量。沃德箱（la caisse Wardian）的发明使进口植物的存活率大大提高（90%），1830 年割草机问世，出版商针对庭园专门发行的园艺杂志又颇为畅销，一切都有利于小庭园生长。尽管大型庭园并未消失，但英国百姓对园艺的兴趣与所具备的能力，当时恐怕只有荷兰能相提并论。园艺因此成为最普及且最平民化的消遣。

劳登的"花园派"（gardenesque）风格之奠立，多亏了沃德箱将"异国"植物带回欧洲后得以继续繁殖（下图）。这却鼓励了人们不再一贯地胡乱栽种树、灌木和花卉［上图，巴特尔斯登（Battlesden）的花园］。

## 法国式庭园与英国式庭园

法国帝国时代结束后，许多移民出去的人——其中许多移民到英国——纷纷回国，对风景画花园的引进极具推进之功。这种花园既流行，耗费又不大，对法国以往形式主义风格的复兴不无威胁。

加布里埃尔·图安（Gabriel Thouin）认为可以移植英国式庭园，但须遵照法国式的一

约瑟芬（Marie-Josèphe Rose Tascher de la Pagerie）在马提尼克出生，1796年和拿破仑结婚。她与被称为法国的"英国式庭园"宗师的植物学家兄弟安德烈·图安（André Thouin）相交甚笃。然而，约瑟芬的园艺品位一点也不讨拿破仑欢心，但是她强调，假如苏格兰人布莱基（Thomas Blaikie）能为阿图瓦（Artois）伯爵设计出大革命以前的巴加泰勒园（Bagatelle），那么她也可以拥有一座新潮的花园。根据与她同时代人的说法，约瑟芬对植物学确实感兴趣。她的地位使她能收集到全世界的植物，有最优秀的植物学家帮忙，特别是得到邦普朗（Aimé Bonpland）的帮助。他在1806—1814年间监督约瑟芬的马尔迈松与纳瓦尔（Navarre）两座花园。前一座花园里的250种不同的玫瑰曾经由比利时艺术家勒杜泰（Pierre-Joseph Redouté）绘制。左图为加尔内利（Garneray）用水彩画形式描绘的花园与温室两景。

套理性成规与实践，即以小径、小道、环形草坪和块面小岛式绿色园圃（massifs-îlots）组合成的单纯模型为基础。19世纪60年代，法国人就在某几座市立公园内的块面园圃种植花卉，为的是模仿英的地毯式花圃（le carpet bedding，花圃中植物修剪得像地毯般平整）。但是，法国人不懂得区分所谓地毯式花圃和花式图案花圃（flower bedding），因而形成一种综合的新风格——"立体花坛"（la mosaïculture），图案原来大抵呈几何形。然而，在1878年的世界博览会上，我们也发现几个象征性的呈动物状的图形。意大利人则用拼花花圃来创造《圣经》景象，为折中主义添加了些浮夸色彩。

不同形状的花圃受雷普顿影响，开启后世"拼花式栽法"的花卉构图之先河（上图）。左上图是平克勒（Puckler）王子在波兰穆斯考（Muskau）的带有东方气息的地毯式花园。

## 公园的创立——玩赏乐园

在这个惯把旧事物赋予新意的世纪，花园方面最主要的革新，是出现老少咸宜的市立公园（不限于少数权贵）。在法国，公共散步区在各个时代早已存在，到18世纪更成为都市计划的一部分，南锡市的苗圃便是一例。大革命时期，政府没收了教会、皇家与贵族财产，其中不少庭园被改成公共散步区。

在维也纳，约瑟夫二世（François-Joseph Ⅱ）1777 年开放普拉特花园为"供大众参观的乐园"。希施费拉德（C. C. L. Hirschfeld）提出人民公园（Volksgarten）的概念，与自然结合，以视觉方式表现对国家的礼赞。这个想法传到德国，被莱内（Peter Joseph Lenné）运用在建造柏林的蒂尔加滕公园（Tiergarten）中。计划中包含一系列的公共厅堂、歌颂爱国精神的雕像及战士纪念碑。现代的墓园是法国 19 世纪初的一项革新，是因为从 1786 年开始，巴黎市不准人们下葬于教堂旁的土地。1804 年建立的巴黎拉雪兹神父（le Père-Lachaise）墓园，闻名遐迩且深受仿效。这个墓园依照风景画花园风格，园中有蜿蜒小径、有树林，经过考究的景

加布里埃尔·图安所绘的巴黎植物园扩建计划图（下图），证明了他为"英国式庭园"符号所做的重要整理，决定了这个风格贯穿 19 世纪的法国的发展。

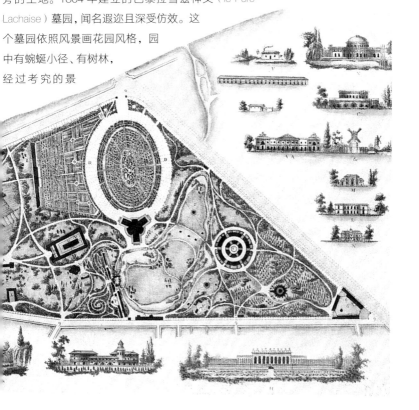

致，时有池塘或湖相伴。当时已散布着纪念建筑物或陵墓的镌刻文字，但这回，真真实实的坟墓取代了18世纪公园的建筑装饰。从此，墓园变成逝者与生者两相宜的庭园。

## 英国的公园：社会改革的工具

劳登是倡导在英国开放公园的第一人。1820年，伦敦海德公园（Hyde Park）只是个骑马用的散步区，还未"妥善维护"。18世纪的游乐园只对取得登记许可者开放，至于皇家花园，虽然原则上开放了，而园中却无椅子或亭子供参观者休息。在劳登的影响下，产生推动"社会改革工具"的风潮。他首创的格雷夫森德平台花园（Terrace Garden de Gravesend），为英国的创举。

1766年，约瑟夫二世皇帝将他的私人花园普拉特捐给维也纳市："一个献给大家的玩赏公园（Belustigungsort），由你们的朋友捐献。"

然而，最伟大的公园则出自帕克斯顿（Joseph Paxton）之手，水晶宫就是他的构想。帕克斯顿出身卑微，却在23岁担任德文郡公爵的查茨沃思花园负责人。他以这里做背景，画出前所未见的温室设计图，可惜直到20世纪建筑师才了解他的构思，并付诸实现。帕克斯顿建造的第一座公园，是利物浦的王子公园，交通系统堪称创新，他把游园路径与市内热络的交通分别开来。帕克斯顿设计的最著名的伯肯黑德（Birkenhead）公园，于1844年开工，是首座创建时就面向大众而非私人用途的公园。

## 奥斯曼男爵都市计划下的公园

包含在都市计划中的公园辟建，数法国最有建树，那是拿破仑三世支持的巴黎重建计划。奥斯曼（Haussmann）男爵当时管辖塞纳河省，他为都市辟建林荫大道、下水

在西德纳姆（Sydenham，上图），帕克斯顿四处筹集资金，为的是重新安置水晶宫并将其面积扩大两倍，使之成为一个巨大的收费乐园，并冀望吸引到数百万的游客。造园设计一方面受地点影响，另一方面则是好大喜功地想要超越凡尔赛。园中有一组混凝土制的恐龙模型，用来装饰其中一座湖泊的四周。英国皇家建筑师协会一成员甚至曾在禽龙的肚子里进晚餐。20世纪主题公园，如迪士尼及其衍生乐园的先驱，即这座西德纳姆公园。

巴黎两座美丽公园：蒙苏里（左图）和右页上图的肖蒙小丘（Buttes-Chaumont），应归功于奥斯曼男爵的得力助手阿尔方（下图）。此人较像工程师而非艺术家。经过他的设计，都市景观面貌从此焕然一新。他有德尚"装饰园艺"相助。德尚常以亚热带观叶植物为基础，如右页下图。

道系统、公园、散步道及约 40 处的散布市内各处的一小方休憩园地。

布洛涅森林（Bois de Boulogne）曾是皇家狩猎森林，大革命时期成为民众散步的地方。1852 年，拿破仑把布洛涅森林赠予巴黎市——作为民众休憩之地。在奥斯曼领导下，工程师兼风景建筑师阿尔方（Jean-Charles Christophe Alphand）重整 850 公顷林地，种树及林地分布图案上则由德尚（Barillet-Deschamps）任顾问。三人的合作，大大地改变了法国首都的都市地理面貌，创造一个自同心圆扩散出去的大道系统，还包括香榭丽舍的整建。阿尔方与德尚继续合作，留下今日的万塞讷森林、蒙梭公园（le Parc Monceau）、战神广场（le Champ-de-Mars），同时也把肖蒙小丘及蒙苏里（Montsouris）地区变成公园。

到 19 世纪 60 年代末，法、英各大城市几乎都拥有公园。欧洲其他地方大抵按照殖民地的公园依样画葫芦，没有多大变化。它们的造园风格不外乎是从前一代的典型出发，不是

阿尔方在他撰写的《巴黎的散步区》与《造园艺术》二书中，以自己的工程为例，阐述他的理论，其重要性及影响力非同小可。他所创的小径系统有助于规划路径，让行程从入口一

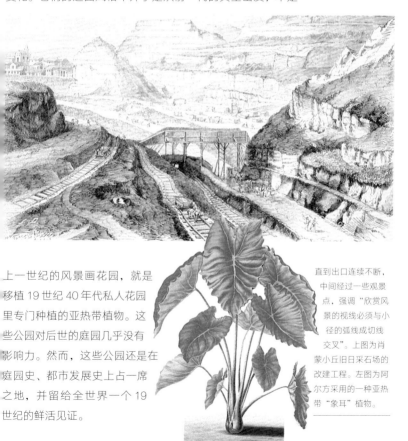

上一世纪的风景画花园，就是移植 19 世纪 40 年代私人花园里专门种植的亚热带植物。这些公园对后世的庭园几乎没有影响力。然而，这些公园还是在庭园史、都市发展史上占一席之地，并留给全世界一个 19 世纪的鲜活见证。

直到出口连续不断，中间经过一些观景点，强调"欣赏风景的视线必须与小径的弧线成切线交叉"。上图为肖蒙小丘旧日采石场的改建工程。左图为阿尔方采用的一种亚热带"象耳"植物。

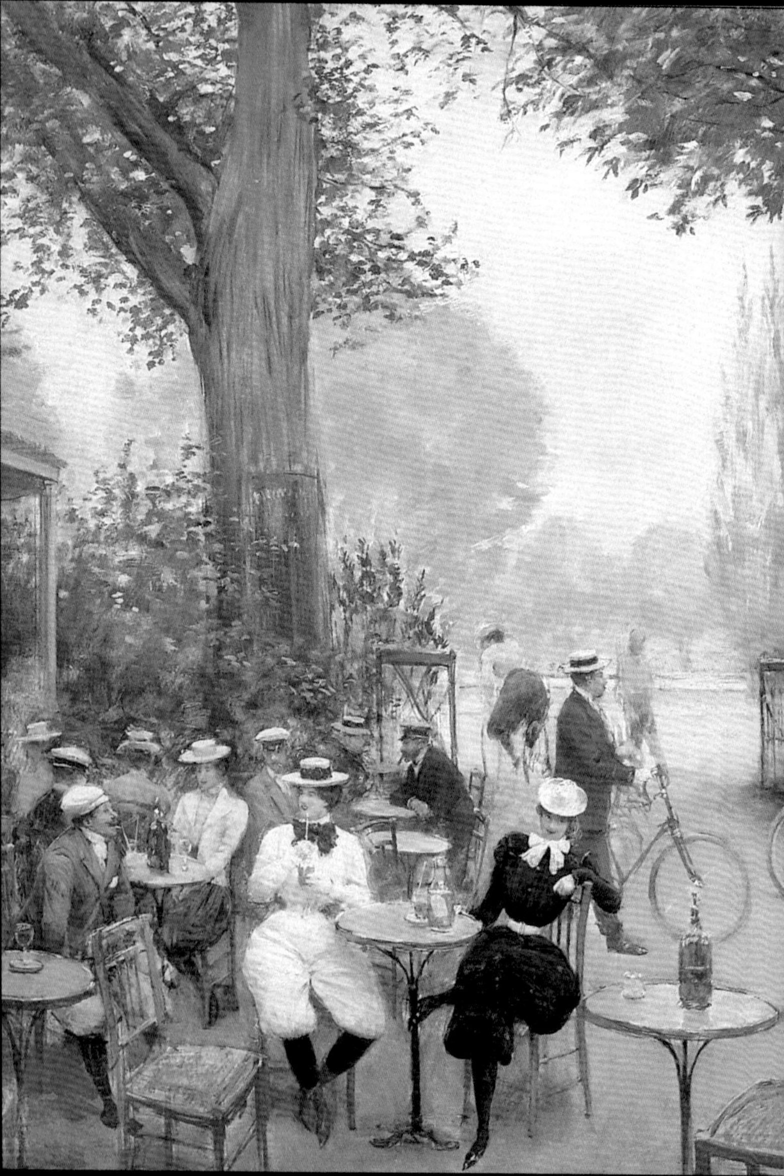

拿破仑三世心知肚明，在巴黎这喧杂的都会点缀小岛般的绿地，不只是单纯的观赏作用而已，其实另有政治利益。公园所代表和反映的其实是一个和谐社会的假象。同样地，伊甸园的主题成为现代都市公园美学的核心，更反映了寄托于公园提供的轻松和娱乐氛围，取代都会生活的紧张，或至少遮蔽不良现实的希望。由此看来，巴黎"奥斯曼计划"其实是反革命策略的一着棋。公园的辟建是管制群众的一个成功的做法，也同时鼓励了土地投机。尽管如此，仍然留下持久且成功的例子。而巴黎，这个当年的世界之都，也变得更美丽了。1869年，一位英国观光客在欣喜若狂之余写下："巴黎变作希腊的田园诗之乡了。"左图为巴黎西边布洛涅森林的脚踏车小屋，为让·贝罗（Jean Béraud）所画。

## 威廉·鲁宾森：
### "自然的"庭园之诞生

维多利亚时代的风格，以其过度与夸张特性、线条死板的地毯式花圃，加上折中主义的锦上添花，不免招致强烈反感。精力旺盛、个性强烈的爱尔兰人鲁宾森（William Robinson）对此大加挞伐。鲁宾森执着于改革的欲望带着典型的维多利亚时代特色。他对井井有条的做作庭园带有"现代性"的嫌恶。19世纪60年代，工业革命挟着大量制造的平庸产品席卷世界，鲁宾森不禁感叹大自然在以前曾被视作威胁，这回却反被时代风格所威胁。

### 永久性的植物种植

鲁宾森1870年出版《庭园里的高山花卉》（*Alpine Flowers for Gardens*），书中建议在英国建造岩石园（Rock garden），即缩小的高山花园。不久，这种花园成了众人朝拜的对象，极不协调地侵入大部分英国庭园。同年，鲁宾森在另一本著作《野

鲁宾森的重要著作《英国花园大观》在1883年出版，在其去世前再版了15次，至今仍可在市面上找到。这本书让每座花园都能展现、表达独特个性。每两株植物之间的互动关系，大小不同的植物，花与叶的形状、颜色，全都经过仔细研究。因此，兼顾了精美的造园与环保考虑。

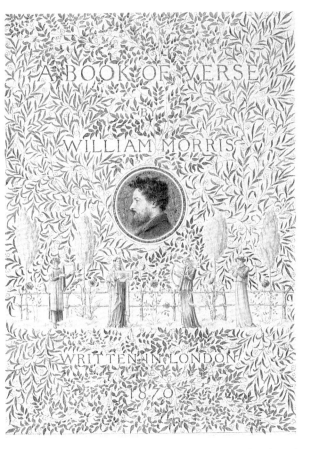

性的庭园》（*The Wild Garden*）里提出对庭园的看法：他反对庭园被其图案设计全然支配，一座庭园应是植物欣欣向荣之地，兼顾植物颜色、叶子生长、植物外形及特性。

对于异国植物，鲁宾森认为应让它们"经历各种考验，让它们在不需要特别照料的情况下繁茂生长"。这种想法对现代庭园影响颇大。他强调栽种植物不拘形式的观点，例如，长形花圃中混合本土与异国的植物，即达移植适应；草地上

威廉·鲁宾森和其他许多人一样，受到"新艺术运动"的影响。这个运动由罗斯金与威廉·莫里斯领导，运动之目标在于集合各种手工艺，还手工艺技艺以应有的崇高地位。这是一种对英国旧传统的回归，对大量产品的不良设计之直接攻讦。在造园艺术领域，这个运动带动了村屋庭园（le cottage garden）风潮及对花卉的选择，重拾以前因流行异国植物而被厌弃的本地植物。同时还兴起一个强大而带有边缘性的运动，即爱德华时代的新古典主义，在历史上因艺术与手工艺运动而黯然失色。然而，20世纪欧美、英国的花园很少不受这一古典主义的影响。所以，当众多的大学教授、艺术家、政界人物或"受启蒙"的业余爱好者对比较小而简单的自然主义派花园敝帚自珍时，贵族与新兴的工商巨子要求的是，由历史与文化最佳典范撑起来的气派。

栽种球苞花卉，是一种讲究色彩和谐的细致做法。他更认为，庭园植物须绵绵不息地生长。鲁宾森的这些观点奠定了现代庭园的风格。

## 英国式的花园

鲁宾森 1871 年创立《庭园》(*The Garden*) 周刊，广推观念至大众，并获大众喜爱。鲁宾森的自然主义手法——搭配树木、岩石、水及草地——加上新植物愈益容易取得，于是在世纪之交促成大型园艺庭园潮流。

鲁宾森也带动庭园展现个人特质的风气，既讲究精美又兼顾环保。植物间的关系也经过仔细研究。大、小的并列与

印象派画家莫奈于 1883 年在厄尔省 (Eure)的吉维尼 (Giverny)定居。他辟建了一座赋予村屋庭园自由的花园——这是英国艺术与手工艺运动重新看重的。莫奈以画家的利眼、园丁的巧手创造花园，果园中的植物郁郁葱葱，色彩斑斓，水塘如一面镜子映射天空。

叶形、颜色的参照，这一复杂过程与风景画风格无关，却宣告近代对生态环境的关注。

## "自然派"与"形式派"之战

在鲁宾森主要著作《英国花园大观》（The English Flower Garden）出版7年后，米尔纳（Henry Ernest Milner）所著的《风景式园艺的艺术与实践》（The Art and Practice of Landscape Gardening）付梓。米尔纳从事景观建筑工作，同时也是林奈学会（Linnaean Society）成员，他认为建筑师妨碍了自然，只有"景观建筑师"才能解放自然。就像鲁宾森为英国土生土长的花卉辩护一样，米尔纳对英国自然之美推崇有加，他的双重攻讦令建筑师无法忍受。1892年1月，布洛姆菲尔德（Reginald Blomfield）出版《英国的形式派庭园》（The Formal Garden in England），一跃成为法国式庭园复兴形式派的灵魂人物，也因此与鲁宾森势不两立。布洛姆菲尔德认为，景观建筑师的目标不在于"呈现事物的本色，而是表现不同于它们本色的新面貌"。这个介于形式派与自然派间的激烈争辩，直到20世纪末的今天，仍潜在地影响着对庭园的反省与创作。

著名艺术评论家沃尔特·佩特（Walter Pater）在《文艺复兴史之研究》中重新评定意大利古典主义，并予以极高的评价。"现代文艺复兴式"花园征服了美国、法国（含蔚蓝海岸），稍后还回到本源意大利。因教皇的关系，在教皇避暑宫殿也盖了一座璀璨的"现代文艺复兴式"花园。这种特别在世纪末出现的古典主义回归现象，也反映了民族主义的自傲与认同。此外，17世纪的法国式花园风格也卷土重来，两个先驱者是景观建筑师杜宪勒（Duchene）父子。两人一起修复沃勒port孔特府邸，而且做了很多重建工作，其中包括库朗斯（Courances）花园、沼泽区（le Marais）花园、曼特农（Maintenon）花园。在英国，他们还创建了一座水上花园布伦海姆宫。这时的两股潮流，平面设计上的形式主义与栽种植物上的自然倾向（非形式化），最后在20世纪会合、创新，如在肯特郡利兹城堡的卡尔佩珀花园（左上图）。

*Souty Front looking to Summer House*

## 杰基尔与勒琴斯全面合作

杰基尔（Gertrude Jekyll）是第二次世界大战前英国最有影响力的庭园设计家。19世纪80年代，她是鲁宾森的好友；1889年，她与年轻建筑师兼景观设计师勒琴斯（Edwin Lutyens）结识，也发展出一段友谊。多亏与这位建筑师合作无间，杰基尔得以用其天才发挥鲁宾森的自然主义观点，并使之定型，但她同时也考虑形式层面的需要，这是园艺历史上关键性的事件。她秉持鲁宾森的自然主义精神，继续在庭园里采用土生土长的树，让园内外的风景连成一气。她在勒琴斯构思下的严肃建筑框架内种植花与树，挥洒她的自然主义长才。

英国美丽时代（la Belle Époque）的大花园里，沿墙缘装饰的带状草本植物花圃，即杰基尔凸显的高贵特色，处理方式带有强大而紧密的色感律动。此时担任巴黎戈布兰（Gobelins）手工艺制造所所长的法国化学家谢弗勒尔（Michel Chevreul）发表研究结果，他把标示互补色的彩色盘确定下来，并提出增强对比的原理。杰基尔深受影响，发展出连续的同色边缘装饰，她设

"小时候，我的志愿是当画家。但天不从人愿，因为我愈来愈严重的近视眼，使我必须放弃这个希望……"杰基尔小姐从与年轻建筑师勒琴斯的合作与友谊中，得到安慰。勒琴斯为她在萨里（Surrey）地区蒙斯特德（Munstead）树林的房子绘图设计（左图），杰基尔自己则创造了以四季为主题的花园。她把玫瑰花与其他植物交错地种在一起。爱心加上知识，她懂得运用植物组合出缤纷的带状花圃（下图跨页），在勒琴斯所绘的漫画后面，是蒙斯特德树林之屋的花园里的鸢尾花与羽扇豆（lupin）组合。在勒琴斯的几何形"伟大风格"上，杰基尔

以她敏锐的眼光安排栽种非常复杂的植物，但看起来很"自然"。

计边饰图案，颜色由寒暖色渐层变换。勒琴斯设计的房子配以杰基尔构思的花园，成为这个时代的象征。

## 两个重要的创新：希德科特与锡辛赫斯特

希德科特别墅（Hidcote Manor）花园位于科茨沃尔德（Cotswolds）丘地一块占地 5 公顷的农地上，20 世纪初的 10 年间，约翰斯顿少校（Lawrence Johnston）将其改建成庭园。约翰斯顿原籍美国，后入英国

杰基尔与勒琴斯之间的合作，产生了最好的英国式花园，同时满足形式主义者与"植物至上者"之要求。勒琴斯的建筑赋予如天然泉流般的花草一个坚固的框架，这些花圃的造型成为花园结构核心。两人的天才盛名远播，在英国外，勒琴斯为马莱（Mallet）家族在迪耶普（Dieppe）附近瓦朗日维尔市（Varengeville）的穆捷树林(le Bois des Moutiers）设计别墅，杰基尔小姐则提供花园方面的建议。杰基尔的数篇著作，从 1899 年的《树林与花园》，刊在《乡村生活》的文章，到最后一本书《花园里的色彩》，阐述了她对花园形状、色彩运用上的经验，这些原则至今仍令人受惠良多。

国籍，除万贯家财，他所运用的仅是一棵古老的黎巴嫩雪松、几株山毛榉及其园艺设计天赋。

他与林赛（Norah Lindsay）的友谊也值得一提。林赛是位直观且才气横溢、出色的庭园设计兼素描家。约翰斯顿与林赛合作，成功地利用希德科特庭园"T"字形严整结构，把庭园里的绿意小天地变成绿意盎然的"活墙"，进而形成"一个兼容并蓄的美之丛林"。他们超越杰基尔四平八稳的渐层色彩变化与质感统一，而在篱笆与青草构成的完美背景上不假修饰，依直觉栽种植物。

锡辛赫斯特（Sissinghurst）城堡原是片荒僻又浪漫的废墟，

约翰斯顿少校与林赛一齐设计希德科特别墅。花园里有一连串的、像小型石砌城堡般大小的封闭空间，由一条长长的草地轴道将它们分开，同时又具衔接效果（下图）。建筑物在空间与层次上的严格控制下与在繁茂的植物对照之下形成了对比。即使在战乱的时代，人们仍懂得享受光阴——金

1930 年由贵族出身的女诗人萨克维尔-韦斯特（Vita Sackville-West）与政治家兼作家的夫婿尼科尔森（Harold Nicolson）买下，在此建造一个凸显他俩文化涵养和感情的庭园。这座庭园成为英国庭园传统中最灿烂的花冠，来自世界各地的游客络绎不绝，

黄色的冗长午后——也愿意为创造一个末世的"天堂"下功夫。

愈来愈多。这个园子的面积不大（2公顷），延伸约翰斯顿建筑控制下的绿意小天地的流派传统。植物的布置方式像希德科特一样充满创意，但在风格上有差别：希德科特花园的知识成分较浓，锡辛赫斯特花园则是主人的感性流露。最初，韦斯特醉心于家族在肯特的 17 世纪旧居，也对文艺复兴时期的佛罗伦萨及波斯十分着迷。波斯花园里锦簇、层叠的花卉，使野性的风景和魔术般的天堂花园益显灿烂。韦斯特的花园不能没有尼科尔森的严谨基础，是因为他运用古典主义的视点，构筑韦斯特所需的框架。他们的花园虽诞生在烽火连天之年，却是秩序与美的象征、文明与和平的避风港。

尼科尔森夫妇希望拥有一座既具备长透视景观的古典结构，又拥有个性化的秘密花园。园子分成许多区，玫瑰园、白花园、果园、村屋庭园、核桃树林……每座园子都蕴含萨克维尔－韦斯特情有独钟的浪漫气息（右下图）。左下图为从白花园看过去的高塔。

"我们活在许多时代、风格与文化的累积中。"佩奇与他所处时代中的各种潮流息息相关：模仿重塑、改建小规模花园、公园、工业庭园以及雕塑公园。左图是在纽约帕切斯（Purchase）为百事可乐总公司辟建的雕塑公园。佩奇担任设计师，辟建花园，并帮助选择、订购与摆置雕塑，就像种树一般，而且他运用树木的手法酷似在摆置雕塑。第二次世界大战后，佩奇认识到工业家与城市正在扮演以前教皇、王公贵族角色：人人可以发展个人对造园的鉴赏力。好好装饰一座加油站的周边与公路边，与为博物馆或富人辟建广大的花园一样重要。在地球变得如此狭小的今天，佩奇——一位真正的花园创造家——仍以他的高贵气质、深厚文化背景、创新能力和灵光一闪的直觉独树一帜。

## 20 世纪最后一位伟大的造园师

英国人佩奇（Russel Page）称得上 20 世纪中叶以来最伟大的景观建筑师。但他设计的庭园和掷地有声的著作《园艺师的教育》（*Éducation d'un Jardinier*）却鲜为人知。他与众不同之处在于园艺种植背景方面：身为建筑师，其作品变化多端，对欧洲庭园传统了如指掌，对伊斯兰庭园的领会甚深，又对

花草树木、景观与农作涉猎甚广，且不断扩大。

## 雕塑、景观与现代庭园

　　从前的庭园一直都有雕塑，但在 20 世纪诞生了一种新现象、一种向大众展现雕塑的需要，由此产生了为私人收藏所建的基金会，出现了荷兰奥特罗（Otterlo）森林的库勒米勒（Kröller-Müller）雕塑公园。一如丹麦的路易斯安那博物馆，细致的景观设计充分配合含蓄的建筑、巍然的树林与雕塑作品，并促成露天博物馆的诞生。有些美术馆另辟雕塑公园，如纽约现代艺术美术馆的约翰孙（Philip Johnson）公园及耶路撒冷以色列博物馆的诺古奇（Noguchi）公园。有些原本就是

　　苏格兰的诗人、雕塑家兼造园家芬利（Ian Hamilton Finlay）曾在花园中展示他多才多艺的风采。他在荷兰库勒米勒雕塑公园及德国斯图加特的普朗克研究所的立体派花园里，创造了"神圣树丛"。他的作品集大成，且不断变化的是他自己创建的苏格兰野性风景建筑风格的小斯巴达（Little Sparta）花园。就像亨利·摩尔在赫特福德郡（Hertfordshire）自己家的雕塑公园（左图）一样，是一座以观念原则、造型为基础并珍视所有经验的雕塑花园（上图与 118 页图）。

巴黎第 15 区——

一座现代的田园取代了雪铁龙汽车工厂。1971年，巴黎市政府买回这23 公顷的土地，马上在塞纳河畔兴建了一座围绕着面积达 14 公顷的公园的新社区，号称"部分收复的远古格勒内勒（Grenelle）平原绿色空间"。在国际性的竞标中，最后出现两组势均力敌的人选：一组是克莱芒（Gilles Clément）与建筑师贝尔热（Patrick Berger），另一组是普罗沃（Allain Provost）、维吉耶（J.P. Viguier）和乔德西（J.F. Jodry）。公园的"主要诠释原则"由克莱芒负责，他是目前法国新景观设计师中的理论主导人物。四个构思原则是自然、人群移动或变化、建筑以及人造。"建筑师的工作与景观师的工作"相辅相成，产生融合统一之感。这种理论运用到这座公园中时，会随着河流（自然）或城市（人造）的远近而产生一种渐进的秩序。公园的中心由一片绿意盎然的长方形草坪形成，伴随着周边许多座主题花园。

公园，如奥斯陆与斯德哥尔摩的公园，顺理成章变成当代艺术的临时展览场地。

## 城市景观设计：迈向未来的公园城市

几个世纪以来，人们为城市扩大产生的问题所困扰。达·芬奇以其惯有的先知灼见，早在 15 世纪就研究米兰城问题。他建议创建"卫星"城市——房屋建造量以 5000 幢为限，人口不超过 2.5 万人。他也说明了把车道与行人步道分开的好处。

这些计划在今日正被实现，不仅适用于当今堵塞的城市，而且会给城市注入新空气。另一个解决办法是辟建城市公园，早在奥斯曼时代的巴黎就首度在欧洲出现了，今日，因现实所需，再一次重现巴黎。这个法国首都实际上在历经一场脱胎换骨之变，尤其是北方的维莱特（Villette）公园及西边的雪铁龙（André-Citroën）公园的创建。加上在东边的贝尔西（Bercy）公园，将完成历史性建筑轴线上塞纳河畔的绿意空间：杜伊勒利花园、荣军院、战神广场与协和广场。

像其他艺术一样，园艺从过去汲取灵感，通向未来。花园史是一张由传统与革新交织的地毯。庭园的构思是人们与环境、与当代文化关系的视觉表现。总是有一小撮非主流

自劳登的《庭园杂志》创办以来，园艺方面的刊物即在欧洲层出不穷。花园方面的专门展览到处可见：德国举办"园艺展"（Gartenschauen）的传统，在 1887 年德累斯顿举办的世界花园大展中成形，展场为一个公共散步地区，不管是业者或业余爱好者都可以参加。这些展览在欧洲已十分常见，最重要的是 1913 年英国皇家园艺协会在伦敦举办的切尔西花展（Chelsea Flower Show）。今天许多协会提供演讲、展览服务并印制目录与刊物等。所谓的"花园中心"到处繁衍甚至连超级市场也卖起植物来了。

的人，有办法实现他们的"梦想"；如同一些中产阶级，总是汲汲于标明他们的领地，因为房地产正可反映他们在这个世界上所占有的位置。这些大花园汲取欧洲、伊斯兰、东方风格……综合、改编，但不久即被遗忘。

相反，不管在城市、郊区或乡村，比较质朴的庭园都拥有一个共同目标：一个退隐之地，即使空间是那么的狭小，魅力各异，终究还是一个让人能够逃离现代紧张生活、与大自然重修旧好、一个使人感受到地球的存在以及世界自强不息之佳境。

古往今来，人们掇拾一小块土地，在祥和宁静的气氛中开创一个属于自己的世界。每座花园各不相同，但是在每座花园中掇拾的手势，如同这个正往陶罐里撒种子的人所做的那样，经历了几个世纪，这个手势永远保有同样的专注与愉悦。他们的梦想相同。正如佩奇所说："当我们开始建造一座花园，我们即进入了一个更丰富的世界，在那里发挥我们的想象。"

# 见证与文献

天地之始，万能的上帝创造了一个花园。
事实上，这是人类最纯净的享乐方式，
予人类精神最大的洗涤。
没有花园的屋宇宫殿只是粗糙的建筑物。
在历史中不断重演，当重视礼乐时代来临，
人们兴建宏伟宅邸，然后细致地装饰花园。
园艺如最崇高的艺术。

培根《论花园》

# 所有花园的源头

　　欧洲花园溯自《圣经》里的神话花园——伊甸园，也可以追溯到上古希腊献给神的布满雕像的神圣花园。人们认为是希腊人发明了"浪漫式"风景，因为希腊人的影响，罗马帝国的造园艺术才能达到高峰。从此以后，我们只是追随他们的脚步，模仿前人。

## 人间天堂的创造

　　最初的花园——伊甸园，是由上帝创造的。上帝创造了第一个男人、第一个园丁——亚当。《圣经》是出发点。

　　神造天地的日子，乃是这样。野地还没有草木，田间的蔬菜还没有长起来，因为耶和华神还没有在地上降雨，也没有人耕地。但有雾气从地上腾，滋润遍地。耶和华神用地上的尘土造人，将生气吹在他鼻孔里，他就成了有灵的活人（名叫亚当）。

　　耶和华神在东方的伊甸立了一个园子，把所造的人安置在那里。耶和华神使各样的树从地里长出来，可以悦人的眼目，其上的果子好作食物。园子当中又有生命树和分辨善恶的树。有河从伊甸流出来滋润那园子，从那里分为四道。第一道河名叫比逊，环绕哈腓拉全地，那里有金子，并且是纯金，也有珍珠和红玛瑙。第二道河名叫基训，就是环绕

古实全地的。第三道河名叫希底结，流在亚述的东边。第四道河就是伯拉河。耶和华神将那人安置在伊甸园，使他栽种看守。耶和华神吩咐他说："园中各种树上的果子，你可以随意吃。只是分辨善恶的树上的果子，你不可吃，因为你吃的日子必定死。"

参照香港圣经公会的版本

## 伊甸的花园

英国伟大的盲诗人弥尔顿（Milton）在1667年写下他的重要著作《失乐园》。他对大自然的初期描绘结合了《圣经》《荷马史诗》与当时大自然的自由与贞洁的概念。

伊甸园位于一片芳草甘美、绿油油的平原上，平原一路绵延到高山之顶，绕着山头形成一个无人可接近的城墙。

在这怡人景致中央，有一座更淳美的花园，由上帝亲自布置。从那丰饶的沃土长出世界上最纯净、最吸引目光，也最芬芳的树。在这树林中央矗立着生命之树，从树下流出一条金黄色的玉液琼浆。不远处，矗立着分辨善恶的树，它使我们付出如此大的代价；这是一棵致命的树，其幼苗带来死亡。

花园里朝南的方向流出一条大河，河道稳定不变，但是流到天国山脚下时便隐没不见，被山完全遮蔽了。我们的主安置这座山以便作为花园的根基。山

波斯人的天堂（paradis，如左页图，尼尼微城的亚述纳西拔宫殿的浮雕），从真实存在的事物变成基督教的神话

底下的湍流渐渐为变质而多孔的土吸收，循着土地的脉道升上山顶，喷出清泉。当水形成几条溪流，灌溉了整个花园以后，其汇集成山涧，从陡峭的山峰奔流而下，形成了壮丽的瀑布，并分流四方，流经不同的帝国。

简直不可能以笔墨形容这条蓝宝石喷泉、蜿蜒的银川、流过东方珍珠与黄金沙的河床，在树荫下旋绕出无尽的迷

宫，给草木洒下仙露，滋养天国的花朵！这些花绝不是平整对称地种在花圃里，也不是用人工的方法制成花束。善良的大自然让花儿尽情生长，丘陵上、深谷里，祥光蔼蔼，晒暖了广阔平原，在这一片深浓树荫隔开了烈日热焰的摇篮中，留下沁人的清爽。

这个愉快的乡居，变化多端，景色宜人。大自然仍处于它的童年时期，轻视艺术与规则，彻底展现其高雅气质与自由。在这里，田野与绿色地毯错落有致令人赞叹，它们的四周是最美的树组成的茂盛树林。有的树流着珍贵的香脂、没药与芬芳的树汁，其他的树上垂挂金光闪烁的累累果实，令人心旷神怡。所有传说中黑斯佩瑞德果园的举世珍宝都能在伊甸园里找到。树林之间也有绿草如茵的地毯，河谷斜坡和山峦上可见牛羊低头吃草。这里，棕榈树覆盖美丽的山丘；那里，则是蜿蜒的小溪流经缀满小花与无刺玫瑰的低谷。另一边，有终年不见阳光的深洞，岩穴里清凉舒畅。这里充满了葡萄藤，枝叶招展，结出丰

硕的紫红果实。潺潺溪水，沿着山丘形成多处美丽的瀑布，有时消失，有时汇合流入优美的湖泊。湖面如镜，湖边镶着小花与香桃木。鸟儿鸣啭，如旋律柔美的合唱，微风穿过轻颤的枝叶，窸窸窣窣，送来山谷树林里怡人的馨香。而牧羊神潘随着美惠三女神与纪律、正义、和平三女神婆娑起舞，留驻永恒的春天。

约翰·弥尔顿

《失乐园》，1667 年

## 一座希腊的花园

阿尔契努斯（Alkinoos）花园是一座充满果树、橄榄树与葡萄藤的纯朴乡村花园，曾经令罗马人向往不已，后来又对英国人影响颇大。

在中庭的那边，有一座封闭花园，首先映入眼帘的是一座果园——种着高枝叶的树以及种满梨子、石榴、苹果的树，树上挂着金色果实，结着饱满的橄榄与无花果。不论冬夏，树上总是果实累累。

熏风（Zéphyr）的气息连绵不断，让一些花苞长成，同时在老梨子旁催促新梨子的生长，苹果、葡萄、无花果也一样。

稍远处，是一块方形的葡萄田，一半经受烈日曝晒，葡萄成串，已经到了收成的时节；但是另一半阴影下的葡萄才刚开着红花，葡萄仍呈绿色。最后的葡萄枝缠绕着细细梳理的、蔬果园里最完整的花圃攀藤。这里四季皆绿，有两道泉水流经，一道灌溉花园，另一道在内庭的门槛下流过，转向上方的房屋处，聚集了城里所有的人来取水。这就是神赐予阿尔契努斯王的礼物。

荷马
《奥德赛》

## 哲学家的花园

罗马哲学家批评纯真质朴的丧失，而把乡村生活与花园的意象当作生活的准则与模范。

在我的花园里，永远不会饥饿，也不口渴，园子让人酒足饭饱，园子不求回报地照料人，使人安详。就是在这种愉悦中我渐渐老去。

伊壁鸠鲁
公元前 4 世纪

## 黄泉的深处（De profundis）

这个只是题给某个罗马园丁的无名墓志铭，却是放诸四海皆准的……这个美丽的行业从来没有改变过。

噢！后土，噢！大地之母，
接受这个老人吧！
在他悠长的生命里，
他力行一个美丽的艺术。
为了给您遮阴，
他种下橄榄树，
他在榆树上挂起葡萄藤。
等到他年老的时候，
他用茴香与百里香使您的气息芬芳，
撒下小麦使平原郁郁葱葱。
清晨他开启犁沟，
源出水语潺潺，
流到您的怀抱，滋润了果树园，
使黑柳橙树上的水果丰美汁多。
您给他回报，接受他，
并让青草、野花与青苔
覆盖他的墓地……

一个罗马时代的园丁的墓志铭

## 小普林尼的别墅

小普林尼对他的两座别墅的描写，影响了造园的历史与艺术。罗马时代的政治人物对他们的花园的爱慕之情使花园永垂不朽。

## 劳伦蒂姆的别墅

　　别墅宽敞方便，整理起来花费不大。玄关之处直通一个简朴但不失高雅的前厅（atrium）。……坏天气时，整个别墅是极佳的避难处，因为有玻璃，特别是屋顶前伸，使我们得到保护。……一楼有餐厅，即使大海如脱缰之马奔腾而来，我们在里面也只听到其怒吼的回声，且是已经减弱无碍的。一楼通往花园，也通往一条小径，如同把花园架设起来的草垫子。此一小径有黄杨木夹道，无树木处则有迷迭香（因为黄杨木在有屋顶庇护之地长得很茂盛，否则因户外有风，海水水汽即使从如此遥远之地吹来，也会令黄杨木干枯）。这条小径被一个葡萄藤绿廊围绕，青嫩的葡萄庇荫着即使是光脚踩着仍觉柔软而有弹性的土地。园里种满大量的桑树与无花果树，这里的土质特别适合这两种树生长。……从房子的主体开始连接一长条圆拱顶走廊……走廊前有一个种满紫罗兰的芬芳四溢的平台，阳光倾洒，又从走廊反射而迷蒙闪耀，走廊可以保持热度，同时拦住北风或令其转向。……平台、走廊与花园的尽头为一座凉亭，这是我心之珍宝。是我把这亭子放在此处。这里可以做日光浴，一边面向花园平台之景，另一边望向大海，两边都沐浴在日光之下。……海岸线曲折动人，时而延伸，时而被一群别墅的屋顶中止。从海上或岸边看这些别墅，会以为这是一连串的小城。

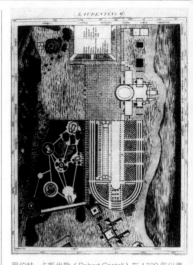

罗伯特·卡斯代勒（Robert Castell）在 1728 年以素描画下小普林尼的两座别墅，并制成版画

## 托斯卡纳的别墅

　　冬天，这里的气候冷而结霜，因此不能种植香桃木（myrte）和橄榄树这类适合温和气候的树。月桂树倒是能抵御寒冬，甚至在冬天变得更加美丽。……这个地方风景甚佳，好像展现了一个偌大的半圆形剧场，只有大自然才做得到。辽阔宽广的平原四处环山，山顶有雄伟的乔木，并且住满了各种野禽。……山脚下，四方连绵着葡萄田，工整地覆盖着一个长而宽的空间。尽头处为树丛，形成山丘的内部边缘。……草地上长满小花、三叶草与总是青嫩的其他草本植物。……别墅虽然坐落于台地斜坡上，却享有和顶端一样的景观。逐渐

左图为劳伦蒂姆"海景"别墅，上图为托斯卡纳地区的"田园"别墅

地，几乎察觉不出地，地势轻轻往上升高。……房子的大部分朝南，夏日自午后起，冬日稍早，即有阳光轻轻地跳跃在廊柱间。……廊柱前面的平台上有形状不拘的花圃，被黄杨木做的边框包围。接着一片草坪轻轻往下倾斜，其上种着黄杨木修剪出来的武斗的野兽。下面平整的部分铺满了柔软、如波荡漾的莨苕属植物（acanthe）。这里的中心是一条短径，嵌在修剪得低矮而巧妙的绿树里。散步道从这里开始，环绕着形状各异的黄杨木与修剪得小巧玲珑的灌木丛。背后则倚着一面干石的墙，墙被修剪成斜坡的黄杨木覆盖。再往前则是一片草地，和前面的人造之景一样赏心悦目。继续走仍见广大草皮与树丛。……跑马

场位于中央，一进入便一览无余，四周有梧桐，树上攀缘着常春藤，然而树顶因树叶本身而绿意盎然，树下的常春藤亦然。……此处连玫瑰花也盛开，阴凉处与阳光照耀处恬适地形成对比。……每个地方各有铺草的花圃，黄杨木修剪出各种形状，有些是字母，拼出主人或是设计者的名字。小石块与果树交替出现。在精致的城市中央，乡村的光景突然在我们眼前展现。

小普林尼<br>《书信》

## 维吉尔——诗人兼植物学家

《农事诗》（Les Géorgiques）是一首谈农事的长诗，不仅是诗中珍品，也是中世纪文化重要的源流之一。

对我而言，假使我的工作未竟，而我也未准备好收起船帆，在我急忙转舵朝向后土之时，也许我会歌颂装扮花园并让花园丰美的艺术，我也要赞颂帕埃斯图姆（Paestum）花开二度的玫瑰园。我要让人知晓天香菜是何等喜爱喝溪水的，野芹菜是多么乐于绿邊河岸；横过草皮，弯曲的香瓜又是如何看到自己的肚子鼓起来的。我也不会错过去歌颂迟开的水仙、莨苕属植物有弹性的茎、白皙的常春藤或海岸边的桃金娘。犹记在位于俄巴罗斯（œbalos）市的塔脚下，在黑色的加雷思（Galèse）河浇灌黄金

色农作物的地方，我遇见一位科律克索（Corycus）的老翁，他拥有的荒芜土地，牛耕不动，牲畜不吃草，酒神也不理。然而，这位老翁却能在荆棘的篱笆内，种出间隔宽松的成排蔬果。边缘之地种有白色百合、马鞭草（la Verveine）与可食用的罂粟，丰硕之景让他引以为傲，其乐可比君王。夜深时，他回到家，桌上之膳不必外买，自给自足。春天来临，玫瑰盛开；秋季则水果丰收；当寒冬冰封石块，河中冰块滚滚的时候，他已经修剪茂盛的风信子，笑称垂涎着迟来的夏日与酣畅的微风。春天，他养了大批的蜜蜂，压一下蜂巢便倾流出纯净的蜜，椴树（le tilleul）与荚（le laurier-tin）也是值得种植的。果树开花结果，他等着到秋季收获成熟的果实。此外，长成的榆树、结实的梨子、成熟了的黑刺李、能为酒客庇荫的梧桐，老翁都可以把它们移植并成列种植。

维吉尔

《农事诗》

## 罗马时代一位专家的建议

科卢梅拉（Lucius Junius Moderatus Columella）写下 12 册关于农业的理论专书《论农事》（De re rustica），乃就园艺实践回应维吉尔。

然后，当熏风带来温煦的气息，融化了严冬笼罩下的麻木；当天琴座从北极星辰迁徙而坠入海洋的深渊；当燕来筑巢欣唱春神来到，这时，必须让饥饿的土地饱食肥沃的泥灰、硬邦邦的驴子屎，或是大型牲畜的肥料。园丁背着装满肥料的篮子，重得连篮子都破了。雨水让土紧缩，霜冻把土变硬，园丁再度用锄头的尖端打松土地的表层。然后，他细心地用锄头将土块与草地茂盛的杂草斩得细碎，为的是让泥土内部松软，以便在好时机来临时开始掇拾。他拳握小犁锄，摩擦泥土，让土地容光焕发。他画出条条修长的畦田，然后再以次度的小径截断畦田。

等到土地整齐地分好区，爬梳过、清理后闪耀着光泽，就在播种时撒下姹紫嫣红的种子，一如地上的星辰：白雪片莲、黄眼金盏花、水仙、狂野大开的金鱼草（gueules-de-lion）、花如白杯般的绿百合、雪白及蓝色的鸢尾花。另外，再种下桂竹香（le violier），时而柔弱地倚在地上，时而又绽放耀眼的金色或紫色花朵；还要种害羞的玫瑰。播下人参的种子，人参的汁液可治病；种下白屈菜，其汁对健康有益；罂粟可治失眠；并从迈加拉（Mégare）弄来洋葱种子，这种洋葱可以壮阳，使男人装备妥当以便征服美人。或者，如西卡（Sicca）收获后又再埋在杰图利（Gétulie）土里的洋葱，以及长在普里阿普斯（Priape）沃土里的芝麻菜，这些都可以刺激无精打采的丈夫。也可以种矮茴香、冬宫里沁人的菊苣和叶多肋软的小莴苣，还有剥下小鳞茎的蒜、香气四溢的韭菜，以及灵巧的厨师会拿来熏干再拌蚕豆的香料。别忘了种芹菜、萝卜，其根来自亚述的种子，把它切片以后与水煮的羽扇豆配合，是喝佩吕斯（Péluse）啤酒的最佳佐料。在同一季节，也要种山柑，以便做芥末，经济实惠，还要种苦土木香与威胁人的阿魏草；我们也种攀爬的薄荷、花香怡人的莳萝，以及让帕拉斯（Pallas）海湾气味诱人的芸香（la rue），也要种会令人流泪的芥菜；此外，我们也种马瑟红（maceron）的根、刺激眼泪的洋葱、给牛奶加味的小草，以及可以擦掉印在逃跑奴隶额头上的小草记号。

> 科卢梅拉
> 《论农事》，公元1世纪

## 重温古人的品位

英国诗人蒲柏在园艺方面造诣颇深，他奠定了18世纪英国花园风格的基本原则。由于他对古典篇章十分爱恋，故成为首位将荷马笔下的阿尔契努斯花园（Le Jardin d'Alkinoos）译成英文的人。

在纯洁的大自然怡人的简朴当中，有某种东西赋予精神一种几近高贵的恬静，以及一种超脱艺术所能带给人的愉悦感觉。

古人在花园里就是享受这种趣味。……世界上有两个最伟大的才子，两个人都给我们描述了花园特别的面貌。

这些大师愉悦地作画，自由自在，让我们了解他们高度欣赏的事物。我们发现其中包含了园艺里所有有用的事物如果树、药用植物、水，等等。我在这里指的是维吉尔描述老翁科律克索的花园和荷马笔下的阿尔契努斯花园。

这种单纯正好和时下的园艺相反，我们的目标似乎是要大自然退隐，不仅创造出秃顶的绿色规则物，还追求一些超过艺术界限的"怪异经验"。

我相信天赋异禀之人与具艺术天分的人，都是对大自然十分敏感的，因为艺术建立在对大自然的研究与模仿之上。

> 蒲柏
> 《散文》
> 1713年刊登于《卫报》

# 花园的艺术

　　中世纪的花园，一方面是自然的神圣寓意，另一方面反映在文学、爱情和享乐之中的非基督教色彩上。文艺复兴的人文主义者，秉承上古时代的原则，把花园中的宗教成分排除。意大利的影响，虽因各地气候、文化、喜恶不同，仍四处延续。法国创造了具有王室气派的无限之境。英国重归英雄的时代，而北欧诸国则向着植物学及景观规划方面发展。

## 神圣花园

　　欧洲中世纪的幽闭花园是教会的象征，圣母是花园的灵魂人物。这是从《旧约·雅歌》中吟诵的花园而来的。

　　我妹子，我新妇，是幽闭的花园，是密封的井。你的源泉灌溉了石榴园，你有最鲜见的花与树：有甘松茅、番红花、菖蒲、樟树、各种乳香木、没药、沉香及一切上等香料。你是园中的泉、活水的井、从黎巴嫩流下来的溪水。北风啊，兴起吧！南风啊，吹来吧！在我

的园内，使其中的香气发出来。愿我的良人进入自己园里，吃佳美的果子。

　　我妹子，我新妇，我进入了我的园中。

　　采了我的没药和香料，吃了我的蜂蜜，喝了我的酒和奶。……吃吧，同伴们，尽情喝酒到酒酣。

　　　　　　　　　　　　《旧约·雅歌》

## 享乐的花园

　　欢愉花园（L' hortus deliciarum）的原型是伊甸园，象征喜悦与永恒。

　　这果园并无墙、篱，却有一层穿不透的氤氲把园子四面八方地围住。除特定的入口外，没有人能够进得园来。园里一年四季繁花盛开，果实饱满；果子只许在园内吃，不许带出，如果游园的人要带果子出去，便将永远找不到出口，直到他把果子放回原地才得离开。所有鸣声婉转的鸟儿都在园里唱歌，每一种鸟各有好几只。园中沃土茂盛地长着珍

贵的药草与香料。

特鲁亚（Chrétien de Troyes）<br>《艾莱克与爱妮德》，12 世纪

## 玫瑰、铃兰草、蜀葵、紫罗兰……

中世纪诗里的花园是"我执"的花园，充满欲念的花园。

我心爱的呀！
一座美丽的花园包围我的爱人。
园里生长着玫瑰及铃兰草，
也有蜀葵。
我的花园饰满了花，
多么讨人喜欢！
日日夜夜，园里住着我的情人。
唉！她就像歌声响亮的夜莺一样温柔，
当她累了便休息。
有一天我见她摘绿草坪上的紫罗兰，
她对我多么殷勤，
她的美丽无与伦比。
我看着她，歇了一会儿，
她白皙如奶，
温柔如小绵羊，
嫣红如玫瑰。

16 世纪无名氏的诗

## 文艺复兴

上古文化与神话是 15、16 世纪灵感的源泉，表面上看来死寂，事实上却重生并绽放异彩。《波利菲勒之梦》见证并影响了欧洲文艺复兴。

噢！噢！过路客，请停下来一会儿。这里你可以发现山林水泽的仙女波利亚（Polia）芳香的瓮。

你会问：哪个波利亚？

这朵充满各种美德而芬芳美妙的花儿，由于此地干燥而无法重生。尽管波利菲勒不知洒了多少温柔的眼泪。

但是如果你能见到我重新绽放，你便晓得我的美丽胜过天下最迷人的最优美的花朵。那时候你不禁叹道：噢！腓比斯，被你的圣火所赦免的花朵却被阴影杀死了。

唉！住嘴！波利菲勒！凋萎之花不再开。永别了！

科隆纳<br>《波利菲勒之梦》墓志铭，1499 年

## 蒙田游意大利

《意大利之旅》为欧洲有教养之人（honnête homme）必读之书。

这里（蒂沃利）可以见到费拉尔（Ferrare）主教著名的宫殿，非常优美，

（1499 年《波利菲勒之梦》出版，书中充满版画插图，呈现了文艺复兴的神秘风格）

但仍有不少美中不足之处，现任主教也没有继续建造的意思。我在此见到许多特别的事，试着把它描绘出来，但是已经有书或画描述过这个主题。这里有无数的喷泉，来自离这里很远的同一个水源，我在其他地方如佛罗伦萨和奥格斯堡（Augsbourg）已经见过，如前文所述。管风琴之音确实是音乐，但是天然管风琴千篇一律奏响同样的音符。这个天然的管风琴是由于汹涌的水流进一个圆形、拱顶的地窖，震动了那儿的空气，并使空气一定从管风琴的管子逸出，如此便供应了风。还有一处水车，由水流带动轮子，轮上由一定的齿带动管风琴琴键有秩序地敲击。我们也听见鸟儿鸣啭，其实是小型管风琴的小铜笛，以让管风琴使用同一原理发声。别的水流转

动之处，有一只立在岩石高处的猫头鹰。顷刻，群鸟和鸣之声戛然而止，因鸟儿被猫头鹰惊吓到了，然后，鸟儿又继续合鸣，就这样交替不断。有些地方的水喷出来如大炮声响，有些地方则细碎轻弹如连珠火枪，这是由于水突然落到水渠中，产生的空气立刻排出来才发出这般声响。这些相同或类似的，以同样的自然原理产生的发明，我在别的地方也见过了。

蒙田
《意大利之旅》
1580—1581 年

## 培根的历书

英国著名的财政大臣，同时也是哲学家、科学家的培根，描绘了一个理想花园，不管伦敦的天气如何，花园里的春色永不褪去。

如果要整理出一个豪华的花园，我认为要让花园一年四季的美景依节气的不同而被观赏到。从 11 月底到 1 月，必须要有耐冬常青的植物：枸骨叶冬青、常春藤、月桂树、刺柏、扁柏、紫杉、松树、冷杉、迷迭香、薰衣草、白色和紫色及蓝色的长春花、石蚕属植物、水鸢尾花、橙树、柠檬、没药（温室的）以及芳香的马郁兰（la Marjolaine）（必须保持温暖）。

接着到来的 2 月，紫花欧丁香树（le

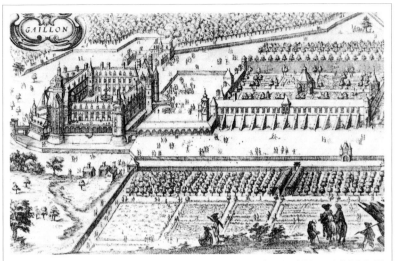

加永（Gaillon）城堡和鲁昂大教堂里的昂布瓦斯（Amboise）主教之墓一样，都是法国文艺复兴早期的代表性建筑

Mezeriontree）会在此时开花，还要有荷兰番红花（le crocus vernus）、报春、银莲花、早熟的郁金香、东方的风信子、矮种鸢尾花与贝母。3 月园里适合堇花，特别是单纯的蓝色，那是最早熟的品种，还有黄水仙、雏菊、杏仁花、桃花、欧亚山茱萸树、犬蔷薇。4 月适合白色大堇花、墙草、普通丁香、杜鹃、各种百合花、迷迭香、郁金香、特大牡丹、黄菖蒲、法国忍冬、樱花、西洋李子树和枣子树的花、开花的小荆棘、丁香。5 月、6 月出现各式康乃馨（特别是嫣红的）；除了麝香玫瑰较迟开，各种玫瑰均绽放；忍冬、草莓、牛舌草、耧斗草（la colombine）、法国和非洲金盏花、樱桃树、醋栗、无花果树、覆盆子、葡萄

花树、开白花的红门兰、飞草（l'herba muscaria）、铃兰、苹果花。7 月，有各种丁香、麝香玫瑰、椴树花、早熟的苹果梨子树，以及待成熟的苹果树。8 月，有各种李子、枣子、梨子、杏子、紫刺李、榛子、甜瓜与各色金鱼草。9 月，有葡萄、梨子、各色罂粟、桃子、黏核白桃树、油桃、欧亚山茱萸树、冬梨、榲桲。10 月与 11 月初，花楸、欧楂、野生李子、晚熟的玫瑰以及蜀葵等。以上这些建议适合伦敦的气候，但是，根据不同地点，我的想法可以让到处皆得永恒不坠的春天。

培根
《论花园》，1597 年

## 加永城堡

塞尔索（Androuet du Cerceau）是建筑师兼画家，他编纂了第一本关于法国建筑的书，提供给我们 16 世纪法国花园设计的最佳资料。

这幢建筑坐落于诺曼底，离地方首府鲁昂有 10 古里路程。建立在一块土台上，东面离塞纳河只有 1/4 古里远，风景极佳。路易十二国王生前的主教昂布瓦斯把这幢建筑盖得极好，富丽堂皇，具现代感，除了某些自古即有的特殊之处以外，一点也不带古代气息。……宅邸连接两个花园，一个与宅邸同一层，另一个必须穿过一片平台，那是波旁家族的主教配合宅邸而建。……在下一层花园里有一条古式走廊，朝向河谷。这道惬意美妙的走廊，一边望向花园，一边朝向河流，使得花园更完美无瑕。花园中央有一处亭阁与白色大理石喷泉。另一个花园也在这个河谷位置，在一片不关闭的葡萄园旁边。往河流走，主教大人修建的沙尔特勒修会（Chartreux）是一个充满喜悦的地方。……继续走，您会走到一座小教堂前，之后驻足在一座小屋旁，水中央有一方隐居之岩，四周有小径可以散步。

在附近有一座小花园，园中有许多坚稳的基座，上面盛放着高度为 1 米到 1.3 米的雕像，上面有各种铭刻。这些蜿蜒舒适的小径，使这个隐居之地变得优美可爱，比任何地方都宜人。

塞尔索
《法国最佳建筑》

## 海德堡的宫廷式花园

法国胡格诺派教徒萨洛蒙·德·科，留传下他在 17 世纪初于海德堡创作的花园的著作。

我们的国王娶了他的英国妻子，即我们的王后。他从英国回来以后，答应王后整修海德堡城堡某一些区域（当作平日休憩处），同时也要创造一个由各类珍品点缀的花园。……于是我开始为这块平地面积小、建在山腰斜坡高处的花园效劳。……第一个工程是有神柱喷泉的花圃。……一条小溪穿越这个花圃……水花四溅的柱子喷泉滴在四周的大岩石上……在这花圃旁边，有一个大小相同的刺绣花圃，四周由 8 位缪斯女神围绕，居中央的是乌拉尼亚（Uranie）。……当橙树从暖房移出来的时候，旁边另一个花圃放着可搬动的橙树。橙树之间可以种植香瓜。附近还有一个水池……橙园就在旁边，园中有 30 棵 8 米高的橙树，其他为中等或小型树木。……接着是种花的园子，园中央的圆形花圃分隔成四区，代表一年四季。……然后，还有最下面一层与众不同的花园，花圃的图案如刺绣一般。……园中有一小池塘，整个园里所有的水都会流到这里，池边矗立着两尊代表马恩河与内卡河的雕像。大洞窟有两部分，一边的洞顶有好几个小穴，呈贝壳的形状；另一边则充满乡野气息。在洞窟里，有许多水戏装置，要费一小时才能尽览。……所以，读者朋友，这就是国王喜爱的各式奇珍异宝，其中一部分已经完成。我希望剩下的部分也即将完成，只要老天爷好心让花园在和平中生存下去。

萨洛蒙·德·科

《宫廷式花园》，1619年

## 呈现凡尔赛花园之风格

由一国之尊执笔的游园指南，恐怕史无前例亦无后继了。

### I

从大理石的穿堂走出城堡，即花园的平台，应该在阶梯高处停下来，欣赏装饰着喷泉的花圃和被绿树环绕的小天地里的喷泉。

### II

然后径直走到拉道纳（Latonne）喷水池，驻足观赏水池、拱门、台阶、雕像及皇家步道、阿波罗喷泉、运河，再转身来看花园与城堡建筑。

### III

接着左转，为的是走到两个人面狮身像前并从中间穿过；散步到绿意小天地时，应驻足欣赏花团锦簇、广阔的美景；最后走到人面狮身像前时对应小憩，欣赏南边的花圃。接着一直走到橙园的上方，俯瞰橙树的排列装饰，此时瑞士卫兵湖尽收眼帘。

### IV

然后往右转。从阿波罗铜像和朗坦（Lantin）像中间穿过，在此稍停，探身可以看见酒神像和农神水池。

### V

我们从橙园右侧台阶下来，穿过橙园，一直走到喷泉欣赏橙园。接着漫步在大橙树走道，之后到室内的橙园。出来的时候，走迷宫那边的前庭。

### VI

进入迷宫，我们往下走到有雌鸭和狗的地方，再沿坡而上，从酒神边出去。

### VII

我们去看看舞池。绕一圈后走到中央，从下面靠近拉道纳的台阶出来。

### VIII

我们的目标是到拉道纳喷水池下方的观景点，途经树林里小巧的喷泉，到达观景点时，小憩片刻，欣赏台阶、花瓶、雕像、拱门、拉道纳喷水池及城堡。另一边则看到皇家步道、阿波罗喷泉、运河、蓊郁的树林、花神雕像、农神水池，左方是酒神，右方有谷物女神。

凡尔赛花园里的众多小园子，不管是秘密的，或是被雕像和喷泉装饰得生意盎然的，都是举行欢宴、巡礼或嬉戏的最佳场所

### IX

往下行走会经过旋转喷泉，到达农神水池之处，环绕一圈，接着去往皇家小岛。

### X

我们走向池堤，其两边皆有喷泉，然后绕大喷泉走一圈。到达下面的时候，稍息片刻，饱览树丛花束、贝壳装饰、水池、雕像与门饰建筑物。

### XI

走到通往阿波罗喷泉的小径，从下方进入走廊，绕一圈后从通往圆形柱廊建筑物（la colonade）的小径出去。

### XII

进入圆形柱廊，站在中央来欣赏整个建筑以及四周的景物、浮雕与水池。出来后驻足欣赏吉迪（Guidy）的一群雕像，然后走向皇家步道。

### XIII

往阿波罗喷泉走去，在殿前驻足欣赏雕像、皇家步道的花瓶、拉道纳喷水池与城堡，也可看看运河。假使打算同一天参观梅斯纳洁园和特里亚农宫，最好只是从大喷泉前面经过而不多做端详。

### XIV

步入通往花神的小径，到达阿波罗沐浴池，环绕一周，端详雕像、浮雕和绿意雅舍。

### XV

经过朗斯拉德（Lancellade），欣赏过后，从下面走出来，再往回走。

### XVI

进入咨询厅看看。往上走到花神位置，环绕一周。

### XVII

往山丘走。到达星形放射状（Étoille）的圆环之前，围绕林荫小径走一圈。然后绕山丘一周。

### XVIII

谷物女神之后即剧场。观赏这里的变化，并端详阿尔开德喷泉。

### XIX

从诺尔（Nort）台阶底部走出来，进入沼泽区。环绕一周。

## XX

从高处进入三层喷泉区，往下走，看过三层喷泉后，须从通往龙潭方向的小径走出。

## XXI

绕龙潭一圈，欣赏喷泉与海神雕像。

## XXII

朝凯旋门的方向走，注意各种不同的喷泉、水池、雕像及喷水效果。

## XXIII

出龙潭后经过孩童小径，走到底下雨水池间的大石块上面，转头一览海神池与龙潭所有的喷泉，再沿小径往上走。

## XXIV

停在纳普（Nape）喷泉下方处，欣赏浮雕与喷泉的其他细部。

## XXV

接着到金字塔喷泉，从乔装者像和羞赧的维纳斯像之间的大理石级再上城堡去。在台阶上端转身欣赏勒诺特花圃、雕像、花瓶、花圈、金字塔喷泉以及海神喷泉。然后从入口出去。

假如想在同一天也参观珍禽异兽园和特里亚农宫，那么应该在阿波罗喷泉旁边休息后，启程前往珍禽异兽园。

到半圆形剧场时小歇片刻，饱览运河与特里亚农宫望至尽头的风光。

来到中央厅，走入各个有动物的中庭。之后从特里亚农宫出发。到达目的地，走上台阶，稍作休息，在台阶上端可远观三个喷射的水柱、运河以及珍禽异兽园那一侧的尽头。

直接走到下层花圃中央的喷水池，再从这里走到宫殿里端详图中喷泉。走到列柱廊，可看大道上风光。从花园中可看到列柱廊边的中庭。接着参观宫殿其他各处，最后到达侧厅廊前方的厅。从走廊尽端的厅出去到清泉区。之后，经过走廊到林下的特里亚农宫，一直走到瀑布上方的平台。

再从林子这一侧走廊尽头的厅出去。沿着花园平台走到角落，一览运河。之后再转回可看到城堡那一侧翼的小室，也可看见树林及运河。从这里出来，沿着办事处那一侧的房间走到中央走道。到达房子正中央时，应体会一下林子阴暗之感，观赏阴影下的大喷泉和纳普喷泉。往下走到草坪，停在阴暗的小径深处以便端详四周的喷泉。然后经过小树林的喷泉，走到矮瀑布。沿着小径往上走，到上面时，选通往马蹄铁水池的小径，横穿花圃。再走下来，搭船到阿波罗喷泉。

接着，沿着通往花神像的小径继续前行。然后到阿波罗沐浴池观赏所有的景致。

路易十四
1702—1704 年手稿

# 艺术或自然？

规则化的花园不再流行……18世纪以哲学与新的自由为特色，法国大革命使君主专制的旧体制结束，随其脚步，全欧洲迈入了现代。花园变成油画，画家也等于园艺家，王后化身为牧羊女，科西嘉的一位年轻人则当上了皇帝……花园综合各种风格，折中的、新古典的、自然派的……这是风格与趣味，也是全球化步入大众化的趋势。

## 风景画花园的诞生

艾迪生（Joseph Addison）鼓吹风景画花园不遗余力，在此方面地位重要。他在《闲谈者》（The Tatler）与《旁观者》（The Spectator）两份刊物上发表的文章，奠定了这个运动的宗旨和意识形态。他采用洛克心智活动的理论来建立他对风景的观点。此外，值得一提的是相对于法国的极权主义，英国人表现出强烈的自由感。

假使我们从刺激想象力的角度来看待大自然作品与艺术品，我们发现后者十分不如前者。即使有时艺术品也令人觉得美丽而奇特，但总是缺少了某种伟大与壮阔的震撼精神。大自然的作品也可以和艺术品一样雅致，但是艺术品的意念却永远显现不出如大自然般的壮丽辉煌。在大自然视万物为刍狗的运动中，含有比艺术品精美的笔触与修饰更壮观的东西。宫殿与花园的雕梁画栋，只在一个狭小的格局建造，想象力早已超越

在埃默农维尔市花园的卢梭之墓

了它，冀求其他事物以得满足。然而，目光可以在大自然偌大的领域里任意翱翔，景象千变万化，变幻莫测。总有诗人爱恋乡野，因为在乡村中，大自然完美无瑕，无尽地提供抚慰想象力的最佳场景。

虽有许多自然场景比人造的更高妙，吊诡的是，大自然的作品若与艺术作品愈相像，愈能显现怡人之处。在此情况下，是因我们的乐趣有赖于两个原则：取悦眼睛的事物之性格，以及事物之间的相似性。

艾迪生
1712 年 6 月 25 日刊载《旁观者》

## 卢梭

这个"属于大自然与真理之人"曾批评法国式花园，指斥英国式花园塞满了建筑装饰，荷兰的花园繁花过剩：他已开始鼓吹自然派花园了。

品位高尚人士的主张就错在他们想要到处都有艺术，如果艺术没有出现，他们就不高兴。然而，真正的品位在于艺术高超，有如天成，不留痕迹，尤其在运用自然时更需如此。这么笔直的、无垠的铺满了沙的小径，而这放射状的路径并没有如我们想象的那样在视野内伸展出一个壮阔的园子，反而是笨拙地露出园子的界线，这些到底有什么意义？曾看过树林里铺着河床惯有的沙，看过脚轻轻歇靠在沙上而不是在青草或苔衣上的情况吗？难道大自然一直使用直角规和尺吗？难道他们害怕在细心地把自然变形之后，人们还看不出来吗？因为他们对这种散步场所已感到厌倦，故决定走直线以便早点抵达终点，这不是皆大欢喜吗？选一条最短的路来走，他们却说是在旅行而非仅仅散步，且他们不是一进去就急着走出来吗？

那么，这些为生活而生活，懂得享乐，寻觅真实简单的乐趣，并且只想在自家门前散步的品位高尚人士能做什么？他们其实可以享受方便又愉快的散步，一整天随时可以做这项令人心旷神怡的活动。这个散步却又如此轻松自然，好像什么都没做一样。他可以同时拥有水和绿意盎然的植物、体会树荫和凉爽之感；因为，大自然也是把这些事物同时集中在一起。他们将不会套用对称结构，因为那是自然之敌，阻碍变化的可能，所有对称花园中的小径都大同小异、千篇一律。有品位的人士将会把花园的面积扩大，以便舒适地漫步。但是园子两侧的小径绝对不是平行的，小径的导向也始终不是平直、一路到底的，而是犹如一个闲散的人的游荡的步伐。他们哪里会担心远离已显露出的美景，脚步是否勇往直前呢？倾向透视法定点观看及远眺乐趣的人大都有一个共同的看法：无一处自得，也就是只有在他们不在的地方，他们才觉得有趣。他们总是

Temple au Dieu Pan.

18 世纪的风景画园林里充满了各式各样的园中装饰建筑，如这座殿宇是上古的风格，其他的则是废墟、乡居、中国或土耳其的风格等

对远方之物垂涎三尺，艺术家不懂得怎样可以使周遭环境让他们满意，于是就向透视法求救，以此来讨他们欢心。但是，我谈的那种雅士不会有这种忧虑，而且当他们所在之处令其悠游自在的时候，他们没有必要想去别的地方。譬如这里，所有风景都在其中，没有境外之境，人们也乐于没有其他风景。不禁令人以为所有的大自然之美尽在其中，我想恐怕看到一点外面的风光，就会减损在其中散步的无限乐趣。

卢梭
《新爱洛伊丝》，1761 年

## 利涅王子

夏尔·约瑟夫（1735—1814）是位受伏尔泰、卢梭及英国影响的比利时贵族作家。他评论欧洲所有的花园以及他自己的美眸花园（Belœil）。

　　乡居生活之乐莫过于每天看见树林、草地、水在调理中渐渐呈现新的样貌。园内比例匀称，我很满意。我注意不去破坏、改变它，但我在另一种类型的花园上下功夫。我开始创造第二座园子。我把不喜欢的屋舍全打掉，缩小一个沟渠，填塞一部分的池塘，创造出小岛、环绕的植物、倒立的花束，以及我的瀑布、神圣的树林，我着手并下决心开启新的职业生涯。100 多个工人不久就会完成花园的修建，证明我的抉择。

　　我的花园里有数个水池、数个高妙

的林荫小径，不像某些别的花园既烦人又无生气。有些是意大利式绿廊、魔术的绿廊；有些是非常高贵的、带有一个漂亮的环绕着水池的回廊，中间是青草做成的小房间。还有圆形花坛、一片小型梅花状的玫瑰林。园里所有的步道直通连接着花园的森林，林木蓊郁。我的园子占地 4000 至 10000 公亩。一片面积达 400 至 1000 公亩的喷泉区把花园分成等大的两部分。花园被一条运河环抱，数条支流深入森林，酷似小溪环绕出一小方土地，让那些在林子里奔腾的野生动物有栖息之所。林子长达数千米，很宽敞。靠近附近运河处的大喷泉区的尽头，有座平转桥，桥后面的鹅掌形放射状小径决定了这片森林的类型。中间那条小路宽达 3.9 米。我尚未提及大圆环的星形放射状小径、最美的花园平面设计、依梅花形栽种的橡树及等距离栽种的山毛榉，当鹿和狗群穿过时，我们便可一目了然。

再回到花园内，我有 400 至 1000 公亩的菜园，四周贴墙种着最美的成列的果树。我还有 4 个喷水池。花园正中央有一座可以在那里吃水果的菠萝式神殿。我也有温室：一座是香瓜园，另一座是无花果园。人们会说这花园很值得歌颂赞美。在玻璃制造的建筑里实在太舒服了，中间有 5 个小阁，切断长度达 200 多米的建筑的均衡性。花园里还有白色大理石的水池与让眼睛清爽的喷泉，也有既肥美又早熟的水果。

玻璃建筑末端有一栋冬屋，占据温室大部分空间。这玻璃建筑刚好作为冬屋的走廊，让人可以在白霜之中散步。两面镜子无限映射。此外，有一间会客室与种着最珍贵花卉的温室，当太阳降临，它们是为植物找寻并能呈现到大自然中的春天的庇护所。室内朝南处有条镶着玻璃的绿廊，朝北处的绿廊则镶着镜子。尽头之处，在这个呈锤头状的小建筑物的末端是园丁之屋，造型是荷兰式的。赠予园丁花园的目的是消磨时光，如同本地的花园，其中有东亚的矮人塑像、涂金的人像、玻璃做的喷泉，用来教人识别低级品位：这将是以举例的、开玩笑的方式来做。面对玻璃屋的另一个地方是苗圃，罩上网后会饲养大量珍禽，我不会让这些鸟儿不幸福。我给它们一个家，就在园丁家的正对面；还有一个舒适的冬厅，让淋湿的鸟仍能继续唱情歌，歌颂春之女神以及春之本身。同时为了献给花神之音，我将在一个小花园中央为她立祭坛。在这个布满树与鸟的花园苗圃，将种植最珍贵的花苗，然后从中挑选适合英国式花园的、艾斯培希德式花园的、圆花坛式的、神圣树林式的，以及适合我的小岛的花卉。

利涅王子<br>1786 年

## 歌德创造的英国式花园

在《亲和力》（ Les Affinités Électives ）

一书中，歌德描述了一对创建风景画花园的贵族夫妻。如同欧洲浪漫主义时期同时代的花园一样，既自然又富文化气息。

爱德华在他的苗圃里耽搁了4月的一个下午的美好时光。他为刚收到的嫩芽嫁接。大功告成以后，他把工具收在匣子里，然后带着满足的神气端详自己的作品，这时候园丁刚好来到，看着主人认真的模样，觉得很有意思。

"你看到我妻子了吗？"爱德华一边问，一边起身要走。

园丁回答："夫人在另外一边，新开辟的小路那里。城堡对面，她请人倚着山壁建的青苔小屋今天即可竣工。整理得很干净，会让您耳目一新。那里视野极佳：下面是村庄，右手边是教堂，教堂尖顶差一点就看不见了，正对面是城堡和花园。"

"很好，"爱德华回答，"这么说来，只要走几步路，我就可以看到我们的人工作的情况了。"

"接着，"园丁继续说道，"小山谷在右边展现，我们的目光透过茂盛的树林可投向辽阔的远方。攀爬在岩石上的蜿蜒小径都已整修得十分美观。这些都是夫人的意思，在她指示下工作真是一件愉快的事。"

爱德华说道："快去找她，请她等我一下。告诉她我期待着参观她创造的花园，这是人生一大乐事。"

园丁迅速离去。爱德华也启程。

他从花园平台下来，经过温室与苗床时顺道查看。一直走到小溪处，过了小桥，原先的小径分成两个岔路通往新建的小道。他不走直通岩石却要经过墓园的那条小路，而是选了左边那一条虽然稍微远了些，但是会穿过惬意的树林的小径。走到两路会合之处，爱德华在一条舒适的长凳上坐一会儿。接着，开始进入上坡路，遍布石级和歇脚处。最后，他终于来到通往青苔小屋的那条时而陡峭时而平缓的羊肠小径。

夏洛特来到门口迎接她的丈夫，然后让他坐在一个可以饱览各种风光的地方，爱德华满心欢喜地期盼春日来临，让所有景物变得更加多姿多彩。……

往后看，看不到村庄和城堡。尽头处延伸着几座湖，湖水之外，沿着湖边是一座蓊郁的山丘；最后，有一断崖石壁，精确地分割了湖泊最远的界线。水面映射出山崖巍峨壮丽的模样。另一边的溪谷里，一条山涧直落湖中，配合着四周景致的一辆水磨车，倒像个临时的祭坛。不论从哪个角度望去，无不交替变化着层峦深壑、山光水色，等到将来绿意初生的时候，不知会呈现出何种欣欣向荣之景呢！在许多地方，离群索居的树丛引人注目。就在他们的脚下，中间那个湖泊的边缘有一大簇白杨木和梧桐，令人目光流连。这些树正在茁壮成长，清新、健康，既往高处延伸，又向横面扩展。

爱德华特意将妻子的注意力吸引

雷普顿为英国波德塞尔特（Beaudesert）庭园所做的整顿计划，在一个传统的风景画园林里加上湖边安置的层层平台，这个新点子后来十分流行

到这些树上，他叹道："这些树是我小时候亲手种的。我父亲整顿城堡大花园时，在一个炎炎夏日想把树的幼苗连根拔掉，是我救了它们一命。你看，这些新发的芽，一定是树至今仍然记得我对它们的知遇之恩。"

歌德
《亲和力》，1809 年

## 以花为主的花园

　　雷普顿是布朗有争议的风景画花园风格的继承者，并活跃在折中的品位与"花园派"（gardenesque）风格的时代。

　　以我在这一行的经验，每当我想要改变在一片平秃、只长草皮的土地上坐落一幢房子，牲畜所占空间和房屋四周没有明显界线的这种低级品位的时候，总是遭逢莫大的困难和阻碍。然而，我是始终追随艺术大原则的。

　　一旦这条区分人畜的线被接受，花园才有发展的可能。在草皮上装饰灌木花草，适当地兼顾房子周围的风景，形成令人愉悦的地方。

　　昔日，这种装饰空间的面积大得惊人。凡尔赛的皇家花园和肯辛顿（Kensington）宫殿只有在人群密布时才显得生机勃勃，不然，这一大片土地便显得十分萧索。假使有人以忍受寂寞为乐，那么找个树下或花园深处私密的地方，总比在光秃秃的草地上来得强。因此，我总是把放置鹿或羊的好几亩闲置的空间进行装饰美化。

对大部分的人而言，布朗先生的风格和古代风格相异之处就在于，将前人的直线变成曲线；因此，布朗派人士便以为造园艺术的品鉴取决于消除所有的直线和平行线，以及采用"自然的"形式。从未质疑是否真正明白何谓自然形式，何谓人造的形式。

以花为主的花园是脱离风景至上、独立出来的风格……各类奇花异草都受欢迎，且根据每个品种来准备合适的土质。美洲来的植物应用灌木叶腐蚀土；水生植物很优美，通常应种在离水边很近的地方。长在石堆里的各种植物应准备用红色石子装饰花圃；还应该安置拱木环和桩柱，好让爬藤的植物在人造的支撑下形成花环。

雷普顿<br>《论乐趣之地与以花为主的花园》

## 巨大的玻璃屋花园

在雨果的日记里，标明"见闻"的栏下，他描写了一个新的现象：一个巨大的城市温室，一个中产阶级的花园……城市取代了乡村。

因 1 月 29 日动乱而安装的大炮仍轰轰作响的同时，人们在巴黎冬园举办一场慈善舞会，吸引了所有上流人物。

以下便是所谓的冬园。

套一句诗人描述它的话："人们把夏天装到玻璃里。"冬园原是个巨大的铁笼，有两个十字形甬道（译注：即双十形），有四五个教堂那么大，再罩上庞大的玻璃墙。这个大笼子坐落于香榭丽舍大道。参观者从铺着地毯与挂毯的木板长廊进入。

进到里面，夺目的光晕使眼睛无法张开，通过这些光线，可以辨认出那里充满了各种各样的娇艳花卉、从热带及佛罗里达州带来的叶子、高壮的奇花异树，还有香蕉树、棕榈树、蒲葵、雪松、大叶子、巨形刺，怪异的、扭曲的枝干如同原始森林互相纠缠在一起。剩下的地方，倒是只有森林没有未开垦的荒地。巴黎最漂亮的女人、最美的女孩，都为

19 世纪英国皇家园艺协会拥有的巨大温室之一

舞会而装扮得花枝招展,在这万物生辉的异彩中如阳光下的一群蜜蜂翩翩起舞。

群芳之上,有一个异常巨大的、闪烁夺目的铜吊灯。或者应该称它为一株庞大的黄金树或倒着长的一团火焰,树扎根在上方的屋顶,任其金碧辉煌的枝叶在群众头顶伸展。一个环形烛架、灯座与多个烛台从四面八方照亮这个吊灯,就像众星拱月一般。加上一个让玻璃和谐地震动的乐团,锦上添花地为其作响。

然而冬园真正特殊之处,是走过充满光线、音乐、噪声的前厅。眼睛穿越有如迷蒙闪烁的面纱的前厅,看到一扇庞大漆黑的拱门,一个充满阴影的神秘洞窟。洞口竖立着大树,挂着一张被林间小径穿过、被林中空地的喷水池洒成钻石般的云雾的织毯——其实只是花园的底墙而已。酷似火焰的柳橙,在树丫上布满淡红色小点。所有这一切看似一场梦。当我们走近看矮林里的灯笼时,它竟变成炫目的大郁金香,混合着山茶花与玫瑰。

当我们坐在长凳上,脚踏在青苔及草皮上的时候,会感觉到脚下传来阵阵如嘴里呼出的热气。我们也会看到一块偌大的大理石和铜制的烟囱,里面燃烧着半棵树。两步之远则是一簇在喷水的细雨中打战的灌木丛。另外,还看到用花瓣装饰的灯,园中小径铺的地毯。在这些树之间,森林之神、赤裸的山林仙女、水蛇,以及各种各样的雕像或群像,

以上种种,如同我们在前面提过的用笔墨都难以形容的不可思议,以及说不出的生动。

维克多·雨果
《冬园》,1894 年

## 布瓦尔和佩库歇上花园去

没有一件时兴事物能逃过福楼拜的嘲讽,园艺"民主化"的热情即一例。

为了保证脑袋不会被太阳晒坏,布瓦尔在头上用布块扎了个土耳其结,佩库歇则戴了顶小帽,穿着一件围兜,肚子前的口袋装有一把修枝剪、一条围巾及一只烟盒。两个人卷起了衣袖,肩并肩,在园里掇拾,除草修枝,身负重任地全力以赴,以最快的速度吃饭,但是却特地到葡萄园喝咖啡以便享受放眼望去的景观。

假如他们看见了蜗牛,他们便跑上前去,咬牙切齿地犹如敲碎一只胡桃似的,一脚把蜗牛踩扁。他们总是随身携带着铁锹,待白毛虫一出现,就一铲把虫切成两半,使劲之大竟然把铁制的工具推入土地 3 寸之深。

为赶走蛀虫,他们很气愤地拦腰砍断大树。布瓦尔在草坪正中心种牡丹,然后在酒桶的拱形环下种爱的苹果,预期苹果会像星辰一般地坠落。

佩库歇在厨房前挖了一个大坑洞,分成三部分,各种着拉拉杂杂一堆植物,

19世纪的时候，园艺变成一个热闹的休闲活动。在此以前，园艺只限于有钱有闲的精英阶级，只有他们才能雇请一批专业的园艺常备军

植物的枯枝烂叶带来别的收成，又带来别的肥料，就这样永无止境地持续着。他就在大洞旁边做白日梦，想着未来长出满山满谷的水果、蔬菜，幻想大地繁花盛开。但他独缺有用的马粪堆肥。农夫不卖马粪，客栈主人也拒绝赠送，在遍寻无着、四下请求也不见功效下，佩库歇只好放下身段不顾廉耻地"自行收集马粪"。

坏天气来了，风雪交加，他们不是搬到厨房生活，编起藤架，就是在房里踱步或在火炉边聊天看雨景。

自从四旬斋狂欢节中途起，他们便眼巴巴地等着春天的到来，每天早上重复着同一句话："一元复始，万象更新！"但是，春天迟迟不来，他们只好自我安慰地说："一元即将复始，万象终会更新。"

最后，他们看到豌豆长高，芦笋丰收，葡萄园也许诺了美酒。

福楼拜

《布瓦尔与佩库歇》，1881 年

## 普鲁斯特与荷花池

　　当文学视野和图画构图交融在一起，还有莫奈在吉维尼的花园……

　　不久，水中植物把维沃讷（la Vivonne）河的水流阻塞了。开始时先有独自飘零的，如不幸在湍流中随波逐流的这朵睡莲，像机器发动的小船，几毫无休息的片刻，唯一靠岸的情况是回到出发地，永无止境地重复这个循环。……这朵睡莲，就像那些承受折磨的不幸福的人一样，这种无止境的折磨引起了但丁的好奇，他让受苦的人亲口说出苦难的前因后果。当渐行渐远时，维吉尔未及时要但丁赶上。就像我的父母亲没有向我招手要我追上他们，这循环景象就不断地反复。

　　然而，稍远一点的地方，水流渐缓，河道穿过一处私人宅邸，因主人喜爱水中园艺，便让维沃讷河曲折形成的池塘绽放睡莲，这里便成了莲花池。主人开放园子给大家参观。这河岸附近的树木较多，郁郁葱葱，水中倒影映射出水底黯淡的绿。但有时在暴风雨前的傍晚回到园里，则可看到河水带着紫里透出鲜艳的碧蓝，表面嵌着带有日本样式的花纹。时远时近处，水面上一朵红心白边的睡莲浅露草莓般的嫣红。稍远处，花儿较多，显得更苍白、低垂，随意缠绕

模样如此优雅，欢宴后，花环上的苔蔷薇散落一地。

　　有个角落像是保留给香芥，清爽地开着白色、粉红色的花，都属同一种；较远处，在一个名副其实的、浮着的花坛上，花团锦簇。人们会说那是花园里的紫堇仿如蝴蝶一般飞来，让它们淡蓝而晶莹的翅膀斜斜地倚在透明的水面上，水面如镜映出天空的色彩，为花朵准备了比其本身更为繁复动人的底色；午后时光，莲花下闪烁的是一个宁静、灵动如万花筒般绚烂的世界。

　　或像遥远的港湾，在傍晚时，水面又变化为娇红，感染了夕阳的梦，围绕着花冠的部分有较固定的色调，其他部分变化无穷，只为和时光流逝中那最深邃、最神秘、最稍纵即逝——亦是无限的——配合，使花朵仿佛在空中绽放。

普鲁斯特
《在斯万家那边》
选自《追忆逝水年华》第 1 卷，1913 年

# 20 世纪的形形色色

　　20 世纪的庭园是个人选择之下产生的庭园，同时也反映出我们整个的文明历史。我们的时代是折中的时代，也是博物馆的时代；人的身份认同由多重风格的线编织而成，人与自然的关系变得复杂、多变而重要。

## "野性的"庭园

　　19 世纪末，威廉·鲁宾森（William Robinson）倡导以生命力强的植物为主的"自然派"庭园，这种园子维护起来既单纯又科学。

　　这个名词尤其指的是把耐久的"异地"植物移植到可以让它茁壮生长的地方。这和以前流行的异国情调大相径庭，尽管两者的基本原则可以联系在一起。我指的也不是"风景如画"的花园。其实任何庭园经过费心照料，都可以变成"风景如画"。为方便了解我的想法，不妨想象 2 月时盛开在赤裸裸的树底下的乌头花（l'aconit），或在泰晤士河岸成波浪状的雪莲花，或如羽扇豆的紫红色染遍苏格兰河流上的小岛，又如亚平宁的银莲花在铃兰尚未绽放前将英国的树林装扮成蓝色。请把这些例子套用在和我们一样生长在较冷或更冷地区的植物或爬藤上面，即可得到成千的例子，或许较能掌握"野性的庭园"的意思。

　　　　　　　　　　　　　　　威廉·鲁宾森
　　　　　　　　　　　　　　《野性的庭园》

## 英国式花园的贵妇人

　　杰基尔把鲁宾森的概念贯通于建筑的格局中：融合了"自然"与"人为"。此一综合的结果加上她创造的五彩环边的花围，给我们这个时代留下深刻的影响。

　　对那些期望美丽的花围环边装饰，或对园艺热情胜过了解的人而言，为避免失望，必须提醒的是：制造景色怡人印象的环边装饰，效果不可能超过 3 个月；甚至在这期间内还要勤加维护。不要忘了繁花盛开的环边花围，那不是一天可以达到的。

　　　　　　　　　　　　　　　　杰基尔
　　　　　　　　　　　　　《花境色彩设计》

## 萨克维尔－韦斯特的"灰、绿、白"花园

　　战后最有名、最常被模仿的花园是锡辛赫斯特。锡辛赫斯特的村舍花园充

满夺目的红、橙、黄色花卉，韦斯特梦想的却是"白皙"的色调。而到了俗气的业余爱好者的花园里，竟变成奇特的、庸俗的颜色对比。

我想创造一个由灰、绿、白三色组成的花园，但不知道是否会成功，将理念付诸实际行动总不如理想中的那样。尤其是园艺，纸上画的与植物目录呈现的植物完美无缺，但移植到土里时通常很凄惨。然而，我们还是继续期待。

我那灰、绿、白三色花园倚着列紫杉高篱而建，园子一边是围墙，另一边则是一列低矮灌木，剩下的一边以老砖砌成小径。事实上，这是一块面积不小的平面，中间由一条灰石砌成的小路把它切成两部分，小路尽头是一条田园风格的长木凳。当我坐在长凳上背向紫杉高篱，我希望能看到遍布灰色枝叶团簇中的一片白色花海。我不禁想象 3 年前埋下种子的白喇叭花昂首欢腾的样子，从它们生长的土地上也冒出蒿属植物（artemisia）与薰衣草棉（santoline），周围则环绕着白色"辛金思"康乃馨。那里会长出白色蝴蝶花、白牡丹花、白鸢尾花，还都配着灰色的叶子……至少，我希望这些都会有。我不想太早吹捧我的灰、绿、白三色花园，有可能会惨败，但我仍然认为这样的计划是值得的。……

然而，我不禁期望明年夏天，一只如游魂般的成年猫头鹰在暮色中穿越我那"白皙"花园……这座我在第一片雪花飘落时种下的花园。

萨克维尔-韦斯特
《在你的花园里》，1951 年

## 园艺师的教育

佩奇（1906—1985）就像杰基尔一样，原是画家兼建筑师，但他同时也是个"家栽之人"。他创造出来的花园，风格高雅，自然天成，不落斧凿痕迹。这是所有庭园的宗旨。

花园只有在它是信仰的表现，或实践一个希望、在一个意象条件下才存在。这些动机相当高远，但是代表了我的目标所在。我有几个目标：首先，我想让一个地方比原先美观。我画素描，一边画一边寻找适合此处的布局，也许很快，也许要好几个小时或好几天。很明显地，这是解决问题固有的方式。其次，我意识到须有清晰的想法才行。纸上构图遭遇技巧问题、计算和列表的基本工作、建筑工程的困难、植物不按理出牌的变化，以及人、土地和气候的因素，当我和这些问题斗争时，必须记得这些目标原则。

总之，就像画家、雕塑家或任何一个艺术家会遇到的问题那样，庭园的创作者想表达何种价值呢？对我而言，似乎没有选择余地。否则只好选择一条容易的路，设计一个技巧简单、表现"卓越有成"的园子，或把花园当作一个象征，由大自然装潢。

> 园林艺术从不是静止的……是一种生生不息的追求……一种介于自然与人文之间的联系。

佩奇<br>《园艺师的教育》

## 巴黎的安德烈-雪铁龙公园

法国景观设计师兼造园理论家克莱芒的"运动中"的公园创新设计。

安德烈-雪铁龙公园的诠释要旨：整座公园建立在今天对四个构思原则的诠释上，即自然、人群移动或变化、建筑与人造。

我们发现这些实施原则两两对应：自然与运动指向活跃的世界；但这个简化说法并不排除一个领域控制另一领域，以及衍生出的复杂变化。

此外，这个计划的重要目标之一，即融合近几十年来分裂成两个互不交流的建筑师及景观设计师阵营。

横穿公园，可感觉到因靠近河流（自然）或城市（人造）的位置有所不同所带来的这种错综复杂的感受。

因此，要有一个阅读这个公园的逻辑秩序——渐进的秩序——观察行人往园子哪个方向行走。因为优先选择方向，所以也可以反向解读。

在"人造—人群移动或变化"方向，我们将"认识"大自然；在"人群移动或变化—人造"方向，则为人为的"掌握控制"。但这些阅读方向并不趋向简化或"简约"。譬如，（黑白色的）"人造"花园里，同时运用复杂的材料和十分自然（野生）的植物。两者的安置配合——对两者的掌握控制——决定是否为人造。反之，在最自然的园子里（"运动中"的公园），野生植物并非偶然散置，须深入了解植物生态，维护这种花园仍需复杂精密的过程。园子外貌予人自然的感觉。"建筑—自然"的对应——变形的花园，令人想起活生生的（表面上看起来混乱的）世界，牵制或伴随着比运河和荷花池这种有影响力的建筑。

克莱芒<br>1987 年 8 月

巴黎的安德烈 - 雪铁龙公园包括数座系列花园

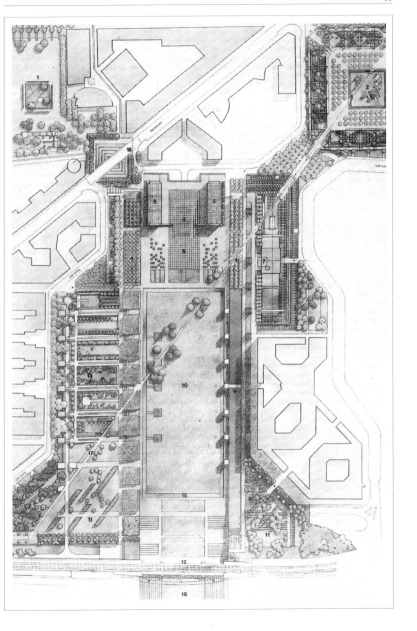

# 庭园艺术术语

　　依据科南（Michel Conan）和布罗萨尔（Brossard）1992 年出版的《园林艺术史字典》（le Dictionnaire historique de l'art des jardins）、1986 年版的《牛津园林常备字典》（The Oxford Companion to Gardens）、法语字典（Littré 版），仅摘录园林艺术用法的字义。

**小径（Allée）**：源自拉丁文 ambulare，地方、小路，专供散步用的空间，也带给自然风景建筑物几何方向感。

**英中式（Anglo-chinois）**：用于形容风景如画的花园，18 世纪在英国兴起的风景画花园。

**树木标本园（Arboretum）**：源自拉丁文 arbor（树木之意），一个种着各式各样树木的地方，品种的收集繁多，便于各类树木的品种和生长形式之用的植物学研究。

**树木的培植（Arboriculture）**：在花园里依树木的特性来种植。

**阿尔开地（Arcadie）**：田园诗之乡。地理上的位置是在希腊的伯罗奔尼撒。自从维吉尔把它形容为重返黄金时代的乐土，此地便成为上古时代幸福时光的象征，代表了萦绕牧笛之音的纯朴风光。

**人造效果（Artifice）**：18 世纪用法，源自拉丁文 Artificium，创造炫目惊奇的效果，却又不露痕迹的艺术。例如，烟火、喷水池、舞会、视觉表演。

**艺术和工艺（Art and Crafts）**：19 世纪末在英国的一种运动，旨在反对工业革命；庭园方面，提倡回归工匠手工艺的源流，使用单纯而传统的植物。

**林荫大道（Avenue）**：源于 16 世纪，从 advenir（突然发生）演变而来。两边种植成排大树的道路，经常是通往城堡的路；19 世纪起此一概念运用到城市之中，例如巴黎的香榭丽舍大道。

**中轴线（Axe）**：源自拉丁文 axis，轴的意思。无形或有形的直线，从这个位置望出去，却能得到一个透视的角度。

**水池（Bassin）**：由中世纪后半期拉丁文 baccar 演变为 bacchinon。密闭，有边缘，用来装水的形状各异的水池。例如凡尔赛花园里的阿波罗水池。

**观景台（Belvédère）**：由意大利文而来。一个能观赏美景的地方或亭台楼阁。

**绿廊（Berceau）**：16 世纪开始使用，编织的拱门。可以让植物攀爬的单独或一系列的拱门。喷泉之水形成的弧形拱顶也可以如此称之。

**边缘花饰（Bordure）**：18 世纪由水手的名词——甲板（bord）而来。用来装饰边缘。例如，在小径和一块块花圃之间点缀着植物的地方。

**小树丛（Bosquet）**：16 世纪开始使用，源自意大利文 boschetto。种在玩赏花园里，形成小树丛的树木。

**植物学（Botanique）**：源自希腊文 botanikos。对植物的知识、描述和分类的技巧，为生物学的分支。

**刺绣式花圃（Broderie）**：14 世纪源自刺绣（broder）一词。从 16 世纪开始发展的花圃装饰艺术形式，模仿植物的叶子，风格和装饰物都有一定的规则。在法国由摩勒家族发展，代表如枫丹白露宫。

**庇护小屋(Cabane):**发源于 14 世纪的普罗旺斯。乡间庇护之处。

**绿意小天地(Cabinet):**在花园里设置的私密之处,用绿树及植物围绕出来的小房间或建筑物。

**瀑布(Cascade):**17 世纪,源自意大利文 Cascata,即坠落之意。落水之处,有的是天然,有的是人工;有的带戏剧性,有的比较平静而具建筑风格。例如意大利兰特别墅及巴黎西郊圣克卢(Saint-Cloud)公园里的多层水池。

**中国风(Chinoiserie):**起源于 18 世纪。带有中国风格,从中国得到灵感或模仿中国的作品,例如歌狼园的宝塔。

**明隔法(Claire-Voie):**起源于 14 世纪,不会阻碍视线的措施。

**回廊(Cloître):**隐修院里四周围绕着走廊的内院,建筑上源自罗马别墅的花园。例如,鲁瓦约蒙(Royaumont)的修道院。

**园圃(Clos):**源自拉丁文 clausus。四面环墙的密闭园子,或是在一个比较广大空间里的小花园。

**分割之区块(Compartment):**源自意大利文 Compartimento。把一地分割成好几个轮廓相似或不同的区域,例如分成好几个刺绣花圃。

**村舍花园(Cottage garden):**英国乡下小房屋的传统花园,启发了 19、20 世纪中产阶级花园的诞生。

**地下门廊(Cryptoportique):**起源于 16 世纪,位于花园平台底部,一种带有洞窟的门廊。例如阿内城堡。

**荒僻之境(Désert):**起源于 11 世纪,源自拉丁文 deserta。从 17 世纪开始,称一个地方与世隔绝且人口稀少的名词,例如莱兹荒漠园。

**绿地(Espace vert):**源于 20 世纪,一个形容由植物占据的土地利用之都市计划名词。例如都市里开辟的绿色地区如公园、小休憩角落、树林,如巴黎的安德烈-雪铁龙公园。

**供一排水果树作为依靠的墙(Espalier):**源于 16 世纪,来自意大利文 spalliera,有撑住之意。从 17 世纪开始,尤指法国发展出来的栽种与管制水果树生长的方法。例如巴勒比(Balbi)花园、凡尔赛老式皇家蔬果园。

**放射状圆环(Étoile):**由数条道路形成星形放射状的圆环。

**扇子形(Éventail):**源自拉丁文 ventus,风之意。树木成长的形状,或喷泉喷出来的水呈扇子状。

装饰建筑物（Fabrique）：源于 14 世纪，自拉丁文 fabrica 而来，建设之意。从风景画借来的名词，用于形容风景画花园中的人造废墟古迹。例如隐庐、神殿、陵墓（如在瓦兹省埃默农维尔市白杨木之岛的卢梭之墓）。

疯狂地（Folie）：一个表露主人怪诞荒谬行径的地方。例如，18 世纪巴加泰勒园称作阿图瓦伯爵之疯狂地。

草皮（Gazon）：这个词源自传统土地交易时，以一小块长着草的土块来象征交易完成。从 17 世纪开始，用来称呼如地毯一般铺满小草的绿色地面。

洞窟（Grotte）：源自意大利文 grotta。自然或人造的地方，艺术上以乡野味或建筑壮美胜过自然，经常在其中装设与上古时代有关的喷泉。例如凡尔赛的戴堤思洞窟。

哈一哈（Ha-Ha）：露天的沟道，宽度约是狼

跃一步的距离。18 世纪英国的景观师用它取代围墙与栅栏，如此一来，看出去的视野似乎就不会有界限了。这是促成 18 世纪英国式风格的一大技巧。例如英国在斯道园首创的"哈一哈"。

园艺（Horticulture）：源自拉丁文 hortus，即庭园。庭园中的种植科学。

庭园（Jardin）：源自北欧语 garth，意谓环状带或密闭之地，另一来源是高卢一罗马文 gardinium，与外面隔绝，密闭之地。Hortus gardinus 在 10 世纪时，指的是一个四面围住的园子。种植有功用或观赏的植物，是面积不等的固定空间。

冬季花园（Jardin d'hiver）：19 世纪，一个光线充足、保护异国及不耐冬寒的植物之地。也可当作备用的大厅使用。

不规则花园（Jardin irrégulier）：法国人用来形容 18 世纪英国式或英中式花园的名词。

规则形花园（Jardin régulier）：所谓的古典园，依照对称比例之规则而建，其渊源是罗马帝国的花园。例如 17 世纪的法国花园。

水戏装置（Jeu）：源自拉丁文 jocus，开玩笑之意。特别指的是文艺复兴时期园里的喷泉，由机械装置控制，把园里游客打湿制造惊奇效果。例如意大利的玛利亚（Marlia）花园。

迷宫（Labyrinthe）：源自希腊文 laburinthos。来自希腊神话里克里特岛的牛头怪物所住之处，通常为螺旋形导向圆心的复杂路径，由篱笆围起。例如佩罗（Charles Perrault）1667 年为凡尔赛宫设计的迷宫。

花坛（Massif）：花园里均衡种植以下植物，

如树林、灌木、草皮、开花植物，等等。

混合边圃（Mixed border）：源自19世纪的英国。经常沿着一面墙或篱，带状的、种着茂盛植物的花丛。

纪念建筑（Monument）：纪念性的雕塑或建筑物。例如圆柱、方尖碑。

立体花坛（Mosaïculture）：19世纪60年代末在法国、比利时兴起，把英国的两种风格（即开花植物构成的图案与地面植物）混在一起。例如在法国各处的市立公园。

莲荷池（窟）（Nymphée，或nymphaeum）：供奉山林女仙的洞窟，大自然里传统的神仙——河之仙女那伊阿得斯（Naïades）、海之仙女涅瑞伊德斯（Néréides）、山之仙女俄瑞阿德斯（Oréades）、林中仙女得律阿德斯（Dryades）。洞窟里通常都有喷泉。例如1620年卢森堡公园里的美第奇喷泉。

橙屋（Orangerie）：建造用来在冬天保护异

国植物的建筑物。橙的原产地在中国，16世纪时在欧洲成为时尚，并奠定了温室栽种的长期传统。

宝塔（Pagode）：圆形的佛教建筑，在18世纪被当作花园里的装饰建筑，蔚为时尚。例如法国安德尔 - 卢瓦尔省（Indre-et-Loire）的尚特卢花园中的宝塔（1775）。

帕哈地（Paradis）：源自波斯文paridaiza及希腊文paradeisos。玩赏花园（parcs deplaisance）之名，上古时代的波斯花园。

鹅步（Patte-d'oie）：道路呈放射状分出的十字路口。在17世纪庭园中，通常位于城堡前。

风景、景观（Paysage）：从某个角度看出去的风景。从16世纪北欧绘画中借来的名词。

透视法（Perspective）：源自拉丁文perspicere，观看之意。让空间中出现似是而非的平行线的技术。文艺复兴的绘画、剧场装饰及在花园里制造产生距离的幻觉之艺术。

风景如画般（Pittoresque）：18世纪英国的风景画花园，受到画家如洛兰和普桑的影响，创造如绘画里呈现的景致般的花园。

玩赏（Plaisance）：从18世纪开始用于指称令人赏心悦目，可以享受乐趣的花园。

观景点（Point de vue）：可以看到美景的地方，从16世纪开始，景观师用来形容被观看的物体与引导视线的路径。

门廊（Portique）：源自拉丁文porticus，门廊（proche）之意。形成于古代的园艺，通过门廊便进入花园或建筑物，通常设在供散步之用的园圃。

**菜圃（Potager）**：起源于 14 世纪，来自花盆。供生产蔬菜之用的园子。

**散步道（Promenade）**：特别供散步之地。

**梅花形栽法（Quinconce）**：在四角形成的方格顶端和其中心点种树的方法。

**小水渠（Rigole）**：源自荷兰文 regel，即沟道之意。方便水流的人造小运河。

**岩石花园（Rocaille）**：源自拉丁俗语 rocca，即岩石之意。受古代文化和文艺复兴的影响。以岩石和贝壳做装饰。是种植高山植物、以岩石堆砌筑成的花园。

**温室（Serre）**：源于 16 世纪，源自拉丁文俗语 serrare，即关闭之意。有保温作用的独立建筑或与房子连接的客厅，用来庇护树木花草。

**药草园（Simples）**：用来称呼药草。在中古时代位于医学院附近种着药草的园子。

**树下植物（Sous-bois）**：在大树阴影下成长的当地植物，或移植自异地的植物。

**修剪枝叶（Taille）**：源自拉丁文 taliare，切的意思；或 talea，有插枝之意。修剪并塑造树、灌木的枝叶以益其成长，或修剪成各种充满想象力的形状。例如从上古时代就一直存在的把树木修剪成想要的形状的艺术。

**斜地面（Talus）**：源自高卢文 talutium，即倾斜的土地之意，自然或人造的倾斜地面。

**棚架（Treillage）**：源自拉丁文 trichilla，绿棚之意。给爬藤植物攀缘的庭园传统建筑艺术。

**（幼木的）支柱（Tuteur）**：源自拉丁文 tutor，师傅之意。给树、小灌木或植物的支撑物。

**果树园（Verger）**：源自拉丁文 viridiarium。专门种树的空间，以及专门种植果树的园子。

**生命力强的（Vivace）**：源自拉丁文 vivax。园艺中，形容因根强韧而能度过严寒从而继续存活的植物。

# 欧洲美丽花园一览

欧洲值得一游的美丽花园（含公共园林）：

## 德国

– Ermitage, Bayreuth.

– Schloßpark Nymphenburg, Munich.

– Park Schloß Schleißheim, Munich.

– Schloß Veitshöchheim, près de Würzburg.

- Schloßgarten Schwetzingen, près de Mannheim.
- Schloßgarten Weikersheim, près de Würzburg.
- Schloßpark Charlottenburg, Berlin.
- Park Sanssouci et Charlottenhof Park, Potsdam.
- Wörlitz Park, Wörlitz, près de Dessau.

## 奥地利

- Schloß Hellbrunn, Salzbourg.
- Belvédère, Vienne.
- Schönbrunn. Vienne.

## 比利时

- Château de Belœil, Leuze, près de Bruxelles.
- Kalmthout Arboretum, Kalmthout, près d'Anvers.
- Kasteel van Leeuwergem, près de Zottegem.

## 丹麦

- Fredensborg Slotspark, Fredensborg, près de Copenhague.
- Frederiksborg Slotshave, Hillerød, près de Copenhague.
- Liselund, Borre,île de Møn.

## 西班牙

- Pazo de Oca, San Esteban de Oca, près de Saint-Jacques-de-Compostelle.
- Jardin du palais de Aranjuez, jardin de la Isla et jardin del Principe, Aranjuez, près de Madrid.
- Jardin de l'Escorial, près de Madrid.
- La Granja, près de Ségovie.
- El Capricho de la Alameda de Osuna, Madrid.
- Parc del Buen Retiro, Madrid.

- Palais du Prado. Madrid.
- Patio de los Naranjos, Cordoue.
- Palacio de Viana, Cordoue.
- Alhambra, Grenade.
- Generalife, Grenade.
- Carmen de los Martires, Grenade.
- Medina Azahara, près de Cordoue.
- Jardin del Retiro, Alhaurin de la Torre, Malaga.
- Palais de las Dueñas, Séville.
- Jardin de las Reales Alcazares, Séville.

## 法国

### 阿基坦、朗格多克和中部地区

- Château de Hautefort, Hautefort, près de Périgueux.

### 布列塔尼、诺曼底和卢瓦尔河区域

- Le bois des Moutiers, Varengeville, près de Dieppe.
- Château de Brécy, Brécy-Saint-Gabriel, près de Bayeux.
- Kerdalo, Trédarzec, près de Tréguier.
- Le Vastérival, Varengeville, près de Dieppe.
- Château de Villandry, Villandry, près de Tours.

### 巴黎和法兰西岛

- Château de Chantilly, Chantilly.
- Maison de Chateaubriand, Châtenay-Malabry.
- Château de Courances, près de Fontainebleau.
- Palais de Fontainebleau, Fontainebleau.
- Château de la Malmaison, Rueil-Malmaison.
- Musée Claude-Monet, Giverny, près de Vernon.
- Château de Bagatelle, bois de Boulogne, Paris.

- Parc Monceau. Paris.
- Jardin des Plantes, Paris.
- Château de Rambouillet, Rambouillet.
- Le Désert de Retz, près de Chambourcy.
- Par Jean-Jacques-Rousseau, Ermenonville.
- Château de Vaux-le-Vicomte, Maincy, Melun.
- Parc Balbi, Versailles.
- Trianon (Grand et Petit), Versailles.
- Château de Versailles, Versailles.

### 普罗旺斯、阿尔卑斯、蔚蓝海岸

- La Chèvre d'or, Biot, près d'Antibes.
- Château La Gaude, Les Pinichats, près d'Aix-en-Provence.
- Villa Noailles, Grasse.
- Jardins de la fondation Ephrussi de Rothschild (Villa Île-de-France), Saint-Jean-Cap-Ferrat.

# 英国

### 英格兰东部、中部和威尔士

- Chatsworth, Bakewell, près de Chesterfield.
- Hidcote Manor, Hidcote Bartrim, près de Chipping Campden.
- Powis Castle, près de Welshpool.
- Stowe Landscape Gardens, près de Buckingham.

### 苏格兰

- Drummond Castle, près de Crieff et Muthill.
- Inverewe, Poolewe, près de Gairloch.
- Little Sparta, Dunsyre, près d'Edinburgh.

### 北爱尔兰

Mount Stewart, Newtownards, près de Belfast.

### 英格兰东北部

- Levens Hall, près de Kendall.

### 西南区域

- Blenheim Palace, Woodstock, près d'Oxford.
- Great Dixter, près de Hastings.
- Royal Botanic Gardens, Kew, près de Londres.
- Chelsea Physic Garden, Chelsea, Londres.
- Oxford Botanic Garden, Oxford.
- Rousham House, Steeple Aston, près d'Oxford.
- Sissinghurst Castle, Sissinghurst, Cranbrook.
- Stourhead, Stourton, près de Mere.

### 爱尔兰

- Powerscourt, Enniskerry, près de Dublin.

# 意大利

### 坎帕尼亚大区

- Palazzo Reale, Caserte, près de Naples.
- Casa Vetii, Pompéi, près de Naples.

### 西北部和大湖区

- Isola Bella, lac Majeur.
- Villa Belgiojoso (Villa Reale), Milan.
- La Mortola (Giardini Hanbury), près de Vintimille.
- Giardini del palazzo Reale di Torino, Turin.

### 罗马

- Palais Farnèse (Caprarola), près de Viterbe.
- Villa Aldobrandini, Frascati, près de Rome.
- Villa Lante, Bagnaia, près de Viterbe.
- Giardino Ninfa, près de Latina.
- Villa Orsini (Sacro Bosco), Bomarzo, près de Viterbe.
- Villa Giulia (Villa di papa Giulio), Rome.
- Villa Madama. Monte Mario, Rome.
- Villa Médicis, Rome.
- Jardins du Vatican. Cité du Vatican, Rome.
- Villa d'Este, Tivoli, près de Rome.

## 托斯卡纳、马尔凯和艾米利亚－罗马涅大区

- Villa Corsi Salviati, près de Florence.
- Jardins Boboli, palais Pitti, Florence.
- Villa Caponi, Florence.
- Villa La Pietra. Florence.
- Villa Garzoni, Collodi, près de Lucques.
- Villa Medici Castello, Sesto Fiorentino, près de Florence.
- Villa Imperiale, Pesaro.
- Villa Pratolino (Demidoff), Pratolino, près de Florence.
- Villa Reale (Pecci Blunt), Marlia, près de Lucques.
- I Tatti, Settignano, près de Florence.
- Villa Torrignani (Santini), Camigliano, près de Lucques.

## 威尼斯

- Villa Allegri, Cuzzano, près de Vérone.
- Villa Barbarigo, Valsanzibio, près de Padoue.
- Jardin botanique de l'université de Padoue.
- Villa Rizzardi, près de Vérone.
- Giardino Giusti. Vérone.

## 葡萄牙

- Quinta da Aveleda, Parades, près de Porto.
- Quinta da Bacalhôa, Vila Nogueira, Setúbal.
- Palácio de Fronteira, Lisbonne.
- Palais national de Queluz, près de Lisbonne.

## 荷兰

- Het Loo, près d'Apeldoorn.
- Jardin botanique de l'université de Leyde.
- Kasteel Middachten, De Steeg, près d'Arnhem.
- Walenburg, Langbroek, près d'Amersfoort.

## 俄罗斯

- Pavlovsk, près de Saint-Pétersbourg.
- Peterhof, près de Saint-Pétersbourg.
- Tsarskoïe Selo, près de Saint-Pétersbourg.

## 瑞典

- Drottningholm, près de Stockholm.
- Hammarby, près d'Uppsala.
- Jardin botanique de l'université d'Uppsala.
- Jardin Linné (Linnéträdgården), Uppsala.

## 土耳其

- Palais Dolmabahçe, près d'Istanbul.
- Palais de Topkapi, Istanbul.
- Parc Yildíz, Besiktas, près d'Istanbul.
- Palais Beylerbeyi, près d'Istanbul.

# 参考书目

*Il est impossible d'établir une bibliographie exhaustive sur les jardins, les parutions étant trop nombreuses; on trouvera ici un choix d'ouvrage récents, beaucoup parus aux États-Unis et en Angleterre, nations qui dominent en la matière.*

- Harold Acton, *Villas toscanes*, Éditions du Regard, Paris, 1984.
- William Howard Adams. *Nature Perfected, Gardens through History*, Abbeville Press, New York. 1991.
- *Ancient Roman Gardens*, Dumbarton Oaks, 1981.
- *Ancient Roman Villa Gardens*, Dumbarton Oaks, 1987.

- Germain Bazin, *Paradeisos, ou l'Art du jardin*, Chêne, Paris, 1988.
- Jacques Benoist-Méchin, *L'Homme et ses jardins*, Albin Michel, Paris, 1975.
- Richard Bisgrove, *The Gardens of Gertrude Jekyll*, Little Brown, Boston, 1992.
- Jane Brown, *Gardens of a Golden Afternoon, The Story of Partnership: Edwin Lutyens and Gertrude Jekyll*, Allen Lane, Londres, 1982.
- Jane Brown, *The English Garden in our Time*, Antique Collector's Club. 1986.
- Jane Brown. *The Art and Architecture of English Gardens*, Weidenfeld & Nicolson, Londres, 1989.
- Jane Brown. *Eminent Gardeners*, Viking, New York, 1990.
- Jean de Cayeux, *Hubert Robert et les jardins*, Herscher, Paris, 1987.
- Douglas Chambers, *The Planters of the English Landscape Garden*, Yale University Press, 1993.
- Florence Colette et Denise Péricard-Méa, *Le Temps des jardins*, catalogue de l'exposition, château de Fontainebleau, 1992.
- Olivier Cene, *Les Jardins de la sociale*, Éditions Du May, Paris, 1992.
- *Fons Sapientiae, Renaissance Garden Fountains*, Dumbarton Oaks, 1978.
- F. Hamilton Hazlehurst, *Gardens of Illusion*, Vanderbilt University Press, 1980.
- Penelope Hobhouse, *Plants in Garden History*, Pavillon, Londres, 1992.
- Penelope Hobhouse et Patrick Taylor, *The Gardens of Europe*, G. Philip, Londres, 1990.
- John Dixon Hunt, *Garden and Grove*, Princeton University Press, 1986.
- Christopher Hussy, *English Gardens and Landscapes*, Country Life, Londres, 1967.
- Edward Hyams, *Capability Brown and Humphry Repton*, Dent & Sons Ltd, Londres, 1971.
- *The Islamic Garden*, Dumbarton Oaks, 1976.
- Sir Geoffrey et Susan Jellicoe, Patrick Goode, Michael Lancaster, *The Oxford Companion to Gardens*, Oxford University Press, 1986.
- Bernard et Renée Kayser, *L'Amour des Jardins, célébré par les écrivains* (anthologie), Arléa, Paris, 1986.
- Hermann Kern, *Labyrinthe*, Prestel, Munich, 1982.
- Mark Laird, *Jardins à la française*, Chêne, Paris, 1993.
- *Leaves from the Garden*, W. W. Norton & Co., New York, 1987.
- Erica Lennard et Madison Cox. *Jardins d'Artistes*, Michel Aveline, Paris, 1993.
- Giorgina Masson, *Italian Gardens*, Thames & Hudson, Londres, 1961.
- *Medieval Gardens*, Dumbarton Oaks, 1986.
- Charles W. Moore, William J. Mitchell et William Turnbull Jr, *The Poetics of Gardens*, MIT Press, Cambridge (Mass.), 1988.
- Monique Mosser et Georges Teyssot (sous la direction de), *Histoire des Jardins, de la Renaissance à nos jours,* Flammarion, Paris, 1991.
- David Ottewill, *The Edwardian Garden*, Yale University Press, 1989.
- Edwin Panofsky, *La Perspective comme forme symbolique* (1932), Minuit, Paris, 1978.
- *The Picturesque Garden and its Influence Outside the British Isles*, Dumbarton Oaks, 1974.

- Anne Scott-James, *Sissinghurst, The Making of a Garden*, Michael Joseph, Londres, 1974.
- J. C. Shepherd et G. A. Jellicoe, *Italian Gardens of the Renaissance*, Princeton, 1986.
- Osvald Sirén, *China and Gardens of Europe*, Dumbarton Oaks, 1950.
- Christofer Thacker, *The History of Gardens*, Croom Helm, Londres, 1979.
- H. Inigo Triggs, *Formal Gardens in England and Scotland*, Antique Collector's Club, 1988.
- Roger Turner, *Capability Brown*, Weidenfeld & Nicolson, Londres, 1985.
- Allen S. Weiss, *Miroirs de l'infini*, Le Seuil, Paris, 1992.
- Edith Wharton, *Italian Villas and their Gardens*, The Century Co., New York, 1904.
- Kenneth Woodbridge, *Princely Gardens*, Thames and Hudson. Londres, 1986.

# 《佛罗伦萨宪章》节选

　　国际古迹遗址理事会与国际历史园林委员会于 1981 年 5 月 21 日在佛罗伦萨召开会议，决定起草一份以该城市命名的历史园林保护宪章。这里是定义和目标的主要条款，其本质是致力于维护、保护、恢复与重建，以及利用。

第一条 "历史园林指从历史或艺术角度而言民众所感兴趣的建筑和园艺构造。"鉴于此，它应被看作是一古迹。

第二条 "历史园林是主要由植物组成的建筑群体，因此它是具有生命力的，即有死有生。"因此，其面貌反映着季节循环、自然生死与艺术手法，这种状态应趋持久。

第四条 历史园林的建筑构造包括：
  a. 其平面和地形；
  b. 其植物，包括品种、面积、配色、间隔以及各自高度；
  c. 其结构和装饰特征；
  d. 其映照天空的水面，死水或活水。

第五条 这种园林作为文明与自然之间直接关系的表现，作为适合于思考和休息的娱乐场所，因而具有理想世界的巨大意义，用词源学的术语来表达就是"天堂"，并且也是一种文化、一种风格、一个时代的见证，而且常常还是具有创造力的艺术家的独创性的见证。

第六条 "历史园林"这一术语同样适用于不论是正规的公园，或是景观庭园等循规蹈矩的公园。

第九条 历史园林的保存取决于对其鉴别和编目的情况。对它们需要采取几种行动，即维护、保护和修复。在对历史园林或其中任何一部分的维护、保护、修复和重建工作中，必须同时处理其所有的构成特征。把各种处理孤立开来将会损坏其整体性。

# 图片目录与出处

## 卷首

第1—8页  德·弗里斯，《迷宫》，选自《花园图案全集》，版画，1583年。

扉页  无名氏，《园子里的人物》，水粉画。卢浮宫博物馆，巴黎。

## 第一章

章前页  《花园与鸟儿》(细部)，罗马壁画，公元前1世纪。罗马温泉博物馆。

第1页  神圣树，取自亚述－巴比伦的圆章泥印。卢浮宫博物馆，巴黎。

第2页上  《受封地的壁画》，从马里(Mari)壁画上用亚克力颜料翻印下来，公元前18世纪。卢浮宫博物馆，巴黎。

第2页下  《狩猎场景》，萨尔贡二世宫殿。公元前8世纪。

第3页  约翰·马丹，《巴比伦的空中花园》，版画。

第4页左  《图特摩斯三世殿宇里的草之房》，公元前15世纪。卡尔纳克国王神殿。

第5页上  《花园》，底比斯陵墓里的壁画，公元前15世纪。大英博物馆，伦敦。

第5页下  《房子的模型》，底比斯的梅克黑－雷(Mekhet-Rê)之墓，公元前15世纪。大都会艺术博物馆，纽约。

第6页左  《结婚场景的片段》，公元前5世纪。卢浮宫博物馆，巴黎。

第7页上  《春天》，克里特岛艺术。雅典国立博物馆。

第7页下  《花之绽放》，希腊艺术。公元前4世纪。

第8页  布特兰，《卡普里的提贝尔别墅》，不透明水彩、墨、亚克力。E.N.S.B.A，巴黎。

第8—9页  勒卢瓦尔(Auguste Leloir)，《荷马行吟图》，油画，1841年。卢浮宫博物馆，巴黎。

第10—11页上  《花园》，庞培城的壁画。国立博物馆，那不勒斯。

第10页下  《花园》，庞培城金镯之屋的壁画。

第11页下  庞培城的洛瑞阿斯·蒂伯庭那斯住宅(Loreius Tiburtinus)里的棚架(Pergola)。

第12页  《哈德良别墅里的水之剧场》，蒂沃利。

第13页  《赏心悦目的房屋》，庞培城卢克雷提乌斯别墅的壁画。

第14—15页  《莫卧儿皇帝巴伯尔监管忠诚园的种植情形》，莫卧儿皇帝的手绘稿。V&A博物馆收藏，伦敦。

第15页右  《花园》，第338号手绘稿。大英图书馆，伦敦。

第16页上  汉森，《格拉纳达阿尔罕布拉宫的狮子庭》，油画，1908年。私人收藏。

第16页下  《在科尔多瓦城的苏丹的花园内》，14世纪的手绘稿。马尔恰纳图书馆，威尼斯。

第17页  格拉纳达阿尔罕布拉宫的花园。

第18页上  《花园》，东方手绘稿第12429号。法国国家图书馆，巴黎。

第18页下  《药用植物》，东方手绘稿第6246号。法国国家图书馆，巴黎。

第19页  《供给水池的抽水系统》，手绘稿。托普卡帕宫，伊斯坦布尔。

## 第二章

第20页  法兰克福师傅，《古代警务人员的婚礼》，油画，15世纪。昂热美术馆。

第21页  《花朵装饰》(细部)，选自《布列塔尼安娜的伟大时刻》，拉丁手绘稿。法国国家图书馆，巴黎。

第22—23页上  《尤利乌斯领主的庄园》，4世纪迦太基马赛克壁画。巴尔多国家博物馆，突尼斯。

第22页下  《春季的接芽》，圣罗曼－昂－尔的马赛克壁画。卢浮宫博物馆，巴黎。

第23页下  无名氏，《花园中劳作的僧侣》，版画。法国国家图书馆，巴黎。

第24页左  《园丁的工作》，选自《田园作品指南》，14 世纪法国手绘稿。法国国家图书馆，巴黎。

第 24 页右　选自《花草图之书》(Liber Herbarius )，14 世纪。贝尔多里安诺图书馆，维琴察。

第 25 页上　《采摘玫瑰》，摘自《健康花园》书中的版画，15 世纪拉丁手绘稿。法国国家图书馆，巴黎。

第 25 页下　《普西里欧司与梅莲娜》，选自阿什莫尔（Ashmole）手绘本上的图片，12 世纪末。博德利图书馆，牛津。

第 26 页《花饰的边缘》，选自《勃艮第的玛丽》之手绘稿，约 1480 年。博德利图书馆，牛津。

第 26 页中《乔治·德·夏司都兰（Georges de Chasteaulens）之梦》，法国 15 世纪末手绘稿。

第 27 页上　维特伯（Matteo de Viterbe )，《鹿一鱼塘之室》，14 世纪。教皇宫殿，阿维尼翁。

第 27 页下　《在花园里工作》，选自《健康花园》。15 世纪拉丁手绘稿。法国国家图书馆。

第 28 页上　斯特凡诺·达·韦罗纳，《花园里的圣母玛利亚》，油画，用浅色颜料点缀，15 世纪初。韦基奥老城堡（Castello Vecchio）博物馆，维罗纳。

第 28 页下　《森林中的一对情侣》，法国 14 世纪手绘稿。博德利图书馆，牛津。

第 29 页　节选自《失恋书》，法国国家图书馆，巴黎。

第 30—31 页《玛利亚的花园》，油画，约 1415 年。施特德尔美术馆，法兰克福。

第 32 页左　《安茹国王勒内》，手绘稿。阿尔贝特一世皇室图书馆，布鲁塞尔。

第 32 页右　《摘取水果》（细部），选自《勃艮第女公爵的时光》，15 世纪，孔代（Condé）博物馆，尚蒂伊。

第 33 页上　薄伽丘《十日谈》中的插图，14 世纪意大利手抄本。

第 33 页下　《道德化的射箭比赛》，15 世纪

手绘稿。法国国家图书馆，巴黎。

## 第三章

第 34 页　S. 弗兰克，《曼都伯爵花园中的欢宴》，油画，约 1630 年。鲁昂美术馆。

第 35 页　玉东斯（Utens），《卡斯泰洛的美第奇家族的别墅》（细部），油画，16 世纪。古代美术博物馆，佛罗伦萨。

第 36 页　无名氏，《花园中的一餐》，选自《查理·曼奇吕斯（Charles Mangius）之旅》，小羊皮上不透明水彩，16 世纪。法国国家图书馆，巴黎。

第 37 页上　科隆纳的《波利菲勒之梦》一书中的插图，1499 年版。法国国家图书馆，巴黎。

第 37 页下　玉东斯，《皮蒂宫殿》（细部），油画，15 世纪。古代美术博物馆，佛罗伦萨。

第 38 页上　罗马的玛丹别墅花园。

第 38—39 页（跨页图）凡·克利夫，《梵蒂冈宫殿与美景中庭》，油画。比利时皇家美术馆，布鲁塞尔。

第 40 页上　蒂沃利的伊斯特别墅内的花园。

第 41 页上　（根据）佩拉克的《蒂沃利的伊斯特别墅》，油画。

第 41 页下　卡普拉罗拉的法尔内塞别宫花园。

第 42 页　卡普拉罗拉的法尔内塞别宫花园。

第 43 页上　甘巴拉别宫花园，16 世纪兰特别墅的壁画。巴尼亚亚（Bagnaia）。

第 43 页下　在巴尼亚亚的兰特别墅花园。

第 44 页左上　《编织花园》，选自布莱克（Blake）著《园艺实践》。英国皇家园艺协会，伦敦。

第 44 页下　无名氏，《迷宫》，版画，17 世纪。

第 45 页　文图里尼（Venturini），《蒂沃利的伊斯特别墅花园内的维纳斯喷泉平台》，版画，17 世纪。法国国家图书馆，巴黎。

第 46 页上　《帕多瓦的植物园》。

第 47 页上　《帕多瓦的植物园》，版画，17 世纪。

第 47 页下　博玛尔佐花园一景。

第48—49页上　阿尔多布兰迪尼别墅的"水之剧场"，弗拉斯卡蒂。

第49页下　玻玻里花园的布翁塔伦蒂（Buontalenti）洞窟，佛罗伦萨。

第50页左　萨洛蒙·德·科，《海德堡的宫殿花园》，油画，1615年。选帝侯博物馆，海德堡。

第51页上　老沃沃特，《伊德施泰因城堡花园里的洞窟》，羊皮纸上不透明水彩，约1665年。法国国家图书馆，巴黎。

第50—51页下　《伊德施泰因城堡花园全景》，法国国家图书馆，巴黎。

## 第四章

第52页　皮埃尔－丹尼·马丹，《马尔利城堡与亭子》（细部），油画，1723年。大特里亚农宫，凡尔赛。

第53页　史泰德朗（Steidlin），根据特豪（Thrau）的作品，《卡尔斯鲁厄城堡的透视图景》，版画，1739年。

第54页左　布劳（Blaeu），《枫丹白露皇室屋宇》，版画，1643年。马尔恰纳图书馆，威尼斯。

第54—55页上、下　无名氏，《修剪成各种不同形状的灌木与紫杉》，从凡尔赛宫的花园与其他地方的花园装饰中选出，红色墨水。凡尔赛宫美术馆收藏。

第55页中　《甘塔那游戏》（Gioco DellaQuintana），美第奇的卡特琳之织毯。佛罗伦萨乌菲齐艺廊。

第56页左　克洛德·摩勒，《植物与园艺之剧场》封面，1652年版。法国国家图书馆，巴黎。

第56页左　无名氏，克洛德·摩勒肖像，版画。法国国家图书馆，巴黎。

第56页下　拉尔梅森，《蔬果园丁》，版画。卡纳瓦莱（Carnavalet）博物馆，巴黎。

第57页上　皮埃尔－丹尼·马丹，《孔夫朗城堡》，油画，约1700年。索（Sceaux）城堡收藏。

第57页下　拉尔梅森，《卖花女》，版画，17世纪。法国国家图书馆，巴黎。

第58页上　波瓦里（Poilly），《沃勒维孔特府邸花园的王冠喷泉》，版画。法国国家图书馆，巴黎。

第58页下　卡洛·马拉塔，《安德烈·勒诺特》肖像，油画。凡尔赛城堡。

第59页　阿夫利娜（Aveline），《沃勒维孔特府邸城堡及花园的透视图》，版画。法国国家图书馆，巴黎。

第60页上　《凡尔赛公园北部的花圃，路易十四的散步巡礼》（细部），油画，约1680年。凡尔赛城堡。

第61页　阿勒格兰（Allegrain），《从萨托里高地所见的橙园与城堡》，油画，约1688年。凡尔赛城堡。

第62—63页　皮埃尔·帕特尔，《凡尔赛城堡与花园的透视图》，油画。凡尔赛城堡。

第64—65页上　皮埃尔－丹尼·马丹，《马尔利的机器与引水道》，油画。凡尔赛城堡。

第64页下　拉坎蒂尼，《凡尔赛花园的整顿工程》版画，1655年。法国国家图书馆，巴黎。

第65页下　西尔韦斯特（Sylvestre），《1688年8月29日尚蒂伊巡礼》，版画。法国国家图书馆，巴黎。

第66页上　无名氏，《圆明园的迷宫》，版画。法国国家图书馆，巴黎。

第67页　塞司基（Ceskij），《彼得霍夫城堡的花园》，版画，约1805年。艾尔米塔什博物馆，圣彼得堡。

第68页上　德·弗里斯，《科林多式花园》，选自《花园图案全集》，版画，1583年。法国国家图书馆，巴黎。

第68页下　无名氏，《郁金香》，版画。法国国家图书馆，巴黎。

第69页上　申克（Schenck），《罗宫城堡的透视景观》，版画。罗宫博物馆。

第69页下　胡赫（Hooghe），《罗宫城堡内的科林多式花园》，版画。法国国家图书馆，巴黎。

## 第五章

第70页　菲利普·哈克尔特，《卡塞塔的英国式花园》，油画。卡波第蒙特博物馆，那不勒斯。

第71页　米克（Mique），《凡尔赛的小村庄》，不透明水彩。18世纪末。埃斯滕泽（Estense）图书馆，摩德纳。

第72页左上　威廉·肯特，《主教的花园》（细部），素描。大英美术馆，伦敦。

第72页下　当克希斯（Danckeris），《约翰·罗斯（John Roso）献给查理二世在英国土地上首度生长的凤梨》，油画。V&A博物馆，伦敦。

第73页　洛兰，《农村庆典》，17世纪，油画。卢浮宫博物馆，巴黎。

第74—75页下　里戈（Rigaud），《斯道园的圆柱建筑和王后剧场》，18世纪，油画。私人收藏。

第75页上　布里奇曼，《斯道园》细部，素描。博德利图书馆，牛津。

第76页　斯道园的英国伟人祠。

第77页上　斯道园的阿波罗神殿。

第77页下　洛兰，《斯托海德之湖景》，水彩，约1760年。

第78页　朗利特的别墅和公园一瞥。

第79页上　J.M.W.特纳，《佩特沃斯庄园》，油画，1828年。泰特美术馆，伦敦。

第79页下　丹斯（Dance），布朗的画像，油画，1770年。国家肖像美术馆，伦敦。

第80页　雷普顿，《正在为整顿庭园做测量的人》，选自《红书》，1788年。

第81页上、中　雷普顿，《白金汉郡的西威科姆（West Wycombe）花园》，选自《红书》，1803年。法国国家图书馆，巴黎。

第81页下　卡尔蒙特勒，《卡尔蒙特勒把蒙梭公园的钥匙送还给夏尔特公爵》，油画。卡纳瓦莱博物馆，巴黎。

第82页上　罗贝尔，《梅雷维尔市花园》，油画。斯德哥尔摩博物馆。

第82页下　无名氏，《莱兹荒漠园的圆柱形建筑》，版画。

第83页　马耶尔（Mayer），《卢梭与吉拉尔丹一家人在埃默农维尔市花园》，水彩画。夏利（Chaalis）博物馆。

## 第六章

第84页　L.哈格，《1851年伦敦世界博览会水晶宫内一景》，油画。V&A博物馆，伦敦。

第85页　安德烈 – 雪铁龙公园的温室。

第86页　雷普顿，雷普顿在埃塞尔斯创作的花园作品，选自《红书》。大英图书馆，伦敦。

第87页上　劳登，《庭园杂志》封面，1826年。法国国家图书馆，巴黎。

第87页下　布鲁克，《英国的花园》封面。英国皇家园艺协会，伦敦。

第88—89页　布鲁克，《伊顿花园的龙之泉、灌木丛花园、威尔顿花园里的花坛》，版画。英国皇家园艺协会，伦敦。

第90—91页　布鲁克，《阿尔顿的廊柱花园、埃尔瓦斯顿的自娱园、特伦特姆（Trentham）的花架》，版画。英国皇家园艺协会，伦敦。

第92页左　邮购的采购目录，1881年。

第92—93页上　乔治·谢泼德，《巴特尔斯登的花园》，油画，1820年。私人收藏。

第92—93页下　割草机，19世纪。伦敦科学博物馆。

第93页下　沃德箱，1852年。

第94—95页　加尔内利，《马尔迈松城堡的花园与温室》，水彩画。马尔迈松城堡。

第96页左　（根据）席尔默（Schirmer）《花坛的布局》，选自波兰穆斯考的平克勒王子的著作《论风景画花园》，1834年。

第96页右　无名氏，《花坛的布局》，石版画。

第97页　加布里埃尔·图安，《巴黎植物园的扩建计划》，石版画，1820年。法国国家图书馆，巴黎。

第98页下　劳伦斯·扬莎，《维也纳普拉特花园》，油画。维也纳市立博物馆。

第98—99页 帕克斯顿，《西德纳姆的水晶宫与花园》，水彩素描。英国皇家建筑师协会，伦敦。

第100页左 瓦莱（Vallée），《蒙苏里公园》，油画，约1900年。卡纳瓦莱博物馆，巴黎。

第100页下 罗尔，阿尔方肖像，油画。卡纳瓦莱博物馆，巴黎。

第101页上 托里尼（Thorigny），《肖蒙小丘变成公园》，版画。卡纳瓦莱博物馆，巴黎。

第101页下 阿尔方，"象耳"植物，选自《巴黎的散步区》，石版画，1867—1873年。法国国家图书馆，巴黎。

第102—103页 让·贝罗，《布洛涅森林里的脚踏车小屋》，油画，约1900年。卡纳瓦莱博物馆，巴黎。

第104页 鲁宾森，《英国花园大观》封面，1883年。法国国家图书馆，巴黎。

第105页 威廉·莫里斯，《诗之书》，1870年。V&A博物馆，伦敦。

第106页 莫奈，《吉维尼的花园》，油画。奥塞美术馆，巴黎。

第107页 利兹城堡的花园。

第108页上 勒琴斯，《蒙斯特德树林》，水彩画，约1892年。英国皇家建筑师协会，伦敦。

第109页上 杰基尔，《草图册》。英国皇家园艺协会，伦敦。

第109页下 勒琴斯，《杰基尔小姐》，素描，约1806年。背景为杰基尔画的《蒙斯特德树林花园的羽扇豆和鸢尾花的花坛边饰》。

第110页 希德科特别墅的花园。

第111页左 锡辛赫斯特城堡的白花园。

第111页右 萨克维尔－韦斯特在锡辛赫斯特城堡。

第112页 百事可乐总公司的雕塑公园，由佩奇设计。

第113页上 雕塑家芬利位于苏格兰的花园。

第113页下 亨利·摩尔1965年在赫特福德郡的私人花园。

第114—115页 巴黎安德烈－雪铁龙公园。

第114页下 安德烈－雪铁龙公园的温室与花园。

第115页下 安德烈－雪铁龙公园的喷泉。

第116页 园艺类杂志的封面。

第117页 雅克·福茹尔（J. Faujour），《克雷泰伊（Créteil）地区的工人花园》，1989年8月。

第118页 雕塑家芬利位于苏格兰的小斯巴达花园。

## 见证与文献

第119页 老克拉纳赫，《亚当和夏娃》，油画。私人收藏。

第120页 《天堂》，位于尼尼微城的亚述纳西拔宫殿的浮雕。大英博物馆，伦敦。

第121页 弗拉·安吉利科，《天使报喜图》（细部），油画。普拉多美术馆，马德里。

第122页 希腊瓶画，《森林之神（Satyre）吹奏双管笛子》，公元前5世纪。卢浮宫博物馆，巴黎。

第124页 《小普林尼在劳伦蒂姆的别墅》，版画。法国国家图书馆，巴黎。

第125页 《小普林尼在托斯卡纳的别墅》，版画。选自罗伯特·卡斯代勒的《古代别墅速写》，1728年。法国国家图书馆，巴黎。

第128页 《纪尧姆·德·马肖（Guillaume do Machaut）所言》的小型细密画选，法文手抄本。法国国家图书馆，巴黎。

第130页 《波利菲勒之梦》的插图，木刻。法国国家图书馆，巴黎。

第131页 塞尔索，《加永城堡》，选自《法国最佳建筑》，版画。法国国家图书馆，巴黎。

第134页 《凡尔赛花园欢宴》，版画，17世纪。法国国家图书馆，巴黎。

第136页 戈德弗鲁瓦（Godefroy），《埃默农维尔市的杨树岛》，素描，1779年。法国国家图书馆，巴黎。

第138页 《潘神之殿》，版画。法国国家图书馆，巴黎。

第 141 页　雷普顿，《波德塞尔特》，选自《断简残篇》，1816 年。英国皇家园艺协会，伦敦。

第 142 页　《英国皇家园艺协会的温室》，1862 年。英国皇家园艺协会，伦敦。

第 144 页　《搬出橙树的园丁》，选自《好园丁》，版画。法国国家图书馆，巴黎。

第 148 页　安德烈 – 雪铁龙公园中的系列花园。

第 149 页　安德烈 – 雪铁龙公园计划图。巴黎。

第 151 页　S. 考斯，《霍图斯·帕拉蒂诺花园》一书中的刺绣花圃图案，版画。法国国家图书馆，巴黎。

第 152 页　J.J. 沃尔特，《伊斯登花园的大洞窟》，羊皮纸上不透明水彩，约 1665 年。法国国家图书馆，巴黎。

第 153 页　《橙屋》，版画。法国国家图书馆，巴黎。

第 154 页　《棚架》，版画。法国国家图书馆，巴黎。

# 图片授权

（页码为原版书页码）

Archiv für Kunst und Geschichte, Berlin 63, 106g. Artothek, Peissenberg 40-41. Bibliothèque nationale de France, Paris 28, 31, 33b, 34g, 35h, 37b, 39, 43b, 46, 47h, 55, 61, 66g-d, 67b, 68h, 69, 74b, 75b, 76h, 78h, 79b, 91h, 97h, 107, 111b, 114, 134, 135, 138, 139, 141, 144, 147, 148, 154, 160, 161, 162, 163. Bibliothèque royale Albert I<sup>er</sup>, Bruxelles 42g. Bodleian Library, Oxford 35d, 36, 38b, 85h. British Library, Londres 25d. British Museum, Londres 15h, 130. Bulloz, Paris 17b, 20-21h, 66b, 93. Christie's Images, Londres 85b, 103h. Martin Classen, Köln 58.

Dagli-Orti, Paris 21b, 23, 26b, 32-33h, 34d, 37h, 38, 42d, 44, 50, 51h, 52, 53b, 57b-g, 59, 64, 80, 81, 108. Edimédia, Paris 26h, 96, 115. École nationale supérieure des Beaux-Arts, Paris 18. E. T. Archives, Londres 87h, 94. Explorer, Vanves 43h, 106d. Explorer/Lipnitzki 48h. Explorer/Mary-Evans 102h. Explorer/Peter Willi 129. Gallimard/Jacques Sassier 8. Giraudon, Vanves 29, 36m, 67h, 74-75h, 83, 91b. Ikona/F. Danesin 56. Ikona/De Luca 53h. Ikona/M. Fugenzi 51b. Ikona/C. Mattoni 57b-d. Erica Lennard 1, 23h, 128. Mise au Point/Yann Monel, Ivry 120. Musée de Het Loo/E. Boeijinja 79h. Musées royaux des Beaux-Arts de Belgique 48-49. Metropolitan Museum of Art, New York 15b. Musées de la Ville de Paris, © SPADEM 1994 110, 111h. National Portrait Gallery, Londres 89b. National Trust Photo Library, Londres 87b, 121g. Parcs et Jardins de la Ville de Paris 124-125. Rapho/Jacques Faujour 126. Royal Horticultural Society, Londres 54h, 97b, 98-99, 100-101, 119h, 151, 152. Réunion des Musées nationaux, Paris 9, 11, 12,16, 19, 32b, 62, 65h-b, 68b, 70, 71, 72-73,104-105, 116, 132. Roger-Viollet, Paris 13, 14, 92h, 112, 113. Marina Schinz 117, 122. Scala, Florence dos de couverture, 2<sup>e</sup> plat de couverture, 10, 17h, 20b, 22, 27, 30, 45, 47b, 59, 65m, 131. Science Museum, Londres 102b. Tate Gallery, Londres 89h. Top/Desjardins 123b. Top/Jarry-Tripelon 95, 125b. Victoria and Albert Museum, Londres 24-25, 82b. Claire de Virieu, Paris 124b, 156. © ADAGP, Paris 1994 112-113. D. R. 1<sup>e</sup> plat de couverture, 60, 77, 82h, 86, 88, 90, 92b, 103b, 119b, 121d, 127, 157.

# 致谢

L'auteur remercie de tout cœur Frédéric Morvan de sa collaboration et de son amitié.

L'éditeur remercie Marie-Thérèse Gousset, du département des Manuscrits, et Sylvie Aubenas,du département des Estampes de la Bibliothèque nationale de France, ainsi que Pierre Brulé.

# 原版出版信息

**DÉCOUVERTES GALLIMARD**
COLLECTION CONÇUE PAR Pierre Marchand.
DIRECTION Élisabeth de Farcy.
COORDINATION ÉDITORIALE Anne Lemaire.
GRAPHISME Alain Gouessant.
COORDINATION ICONOGRAPHIQUE Isabelle de Latour.
SUIVI DE PRODUCTION Natércia Pauty.
CHEF DE PROJET PARTENARIAT Madeleine Giai-Levraï.
RESPONSABLE COMMUNICATION ET PRESSE Valérie Tolstoï.
PRESSE David Ducreux.

**TOUS LES JARDINS DU MONDE**
ÉDITION Frédéric Morvan.
ICONOGRAPHIE Frédéric Mazuy et Suzanne Bosman.
MAQUETTE Laure Massin et Christophe Saconney (Témoignages et documents).
TRADUCTIONS Olivier Meyer.
LECTURE-CORRECTION Benoît Mangin et Béatrice Peyret-Vignals.
PHOTOGRAVURE Arc-en-Ciel.

图书在版编目（CIP）数据

花园的故事：从伊甸园到后花园 /（法）加布里埃
尔·范居尔埃（Gabrielle van Zuylen）著；幽石译
. —北京：北京出版社，2024.6
　　ISBN 978-7-200-16113-7

　　Ⅰ. ①花… Ⅱ. ①加… ②幽… Ⅲ. ①花园—园林
设计—欧洲 Ⅳ. ① TU986.65

中国版本图书馆 CIP 数据核字（2021）第 009197 号

策 划 人：王忠波　向 霁　　责任编辑：白 云　王忠波
译文审订：白 云　　　　　　责任印制：陈冬梅
责任营销：猫 娘　　　　　　装帧设计：吉 辰


**花园的故事**
从伊甸园到后花园
HUAYUAN DE GUSHI
[法] 加布里埃尔·范居尔埃 著 幽石 译

出　　　版：北京出版集团
　　　　　　北 京 出 版 社
地　　　址：北京北三环中路 6 号　　邮编：100120
总 发 行：北京伦洋图书出版有限公司
印　　　刷：北京华联印刷有限公司
经　　　销：新华书店
开　　　本：880 毫米×1230 毫米　1/32
印　　　张：5.75
字　　　数：169 千字
版　　　次：2024 年 6 月第 1 版
印　　　次：2024 年 6 月第 1 次印刷
书　　　号：ISBN 978-7-200-16113-7
定　　　价：68.00 元

如有印装质量问题，由本社负责调换
质量监督电话：010-58572393

著作权合同登记号：图字 01-2023-4207

Originally published in France as :

*Tous les jardins du monde* by Gabrielle van Zuylen

©Editions Gallimard, 1994

Current Chinese translation rights arranged through Divas International, Paris

巴黎迪法国际版权代理

本书中译本由

时报文化出版企业股份有限公司委任

安伯文化事业有限公司代理授权